보통 사람을 위한 감성 과학 카툰

아날로그 사이언스

그냥 시작하는 과학

보통 사람을 위한 감성 과학 카툰

아날로그 사이언스

그냥 시작하는 과학

윤진 글 · **이솔** 그림 · **이기진** 감수

과학이 세상을
어떻게 설명하는지
궁금해….

해나무

차례

3부
빛을 쫓아서

4부
세상을 이루는 것들

프롤로그

서울의 한 카페

처제
장모님
TV 인문학 강좌에서 빅뱅을 가르치더군요.
윤
쏠

처음엔 이상했는데, 다 들어보니 이해가 되는 거예요.
!

인간은 우주의 시작과
별의 죽음으로부터 시작된 존재더라고요.
우리가 어디에서 왔는지를
이해하기 위해선 빅뱅을 알아야 해요.

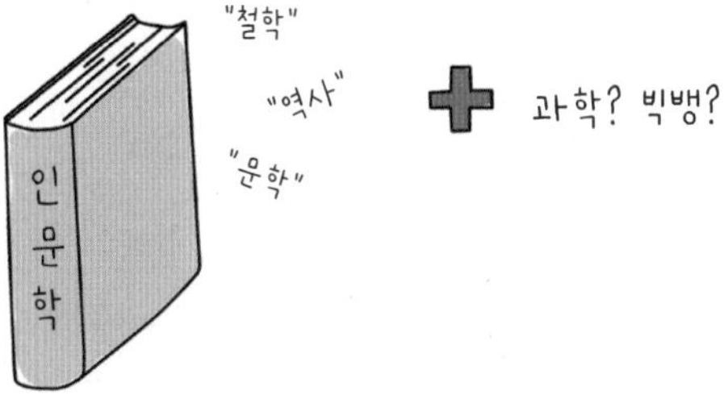

장모님 말씀이 머릿속에서 떠나지 않는다.

우리 과학 웹툰
시작해볼까?
갑자기 웬
과학 웹툰?
또 일을
벌이고 있어….

과학을 알게 되면 철학, 종교,
심지어 정치, 사회까지
우리가 더 깊이 이해할 수
있을 거 같다는 생각이 들어.

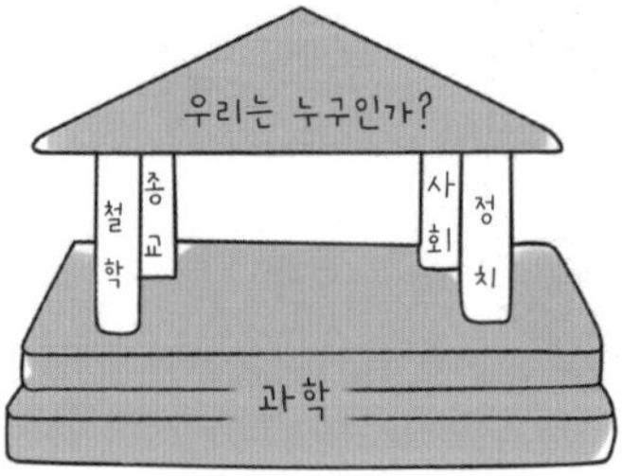
우리는 누구인가?
철학
종교
사회
정치
과학

어떤 식으로
이야기를
풀 생각이야?

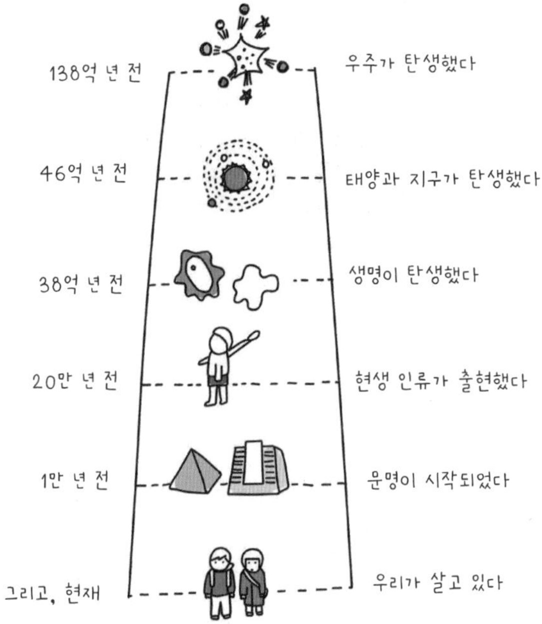
138억 년 전
우주가 탄생했다
46억 년 전
태양과 지구가 탄생했다
38억 년 전
생명이 탄생했다
20만 년 전
현생 인류가 출현했다
1만 년 전
문명이 시작되었다
그리고, 현재
우리가 살고 있다

이런 식으로 풀어가는 것도 괜찮겠다.

이거 우리 죽을 때
완성되는 거야?

글쎄.
그럼 빅뱅부터 시작하는 거야?
그건 아닌 거 같아. 뭐부터 시작해볼까?
양자역학? 가장 핫한 걸로.
안 돼.
왜?

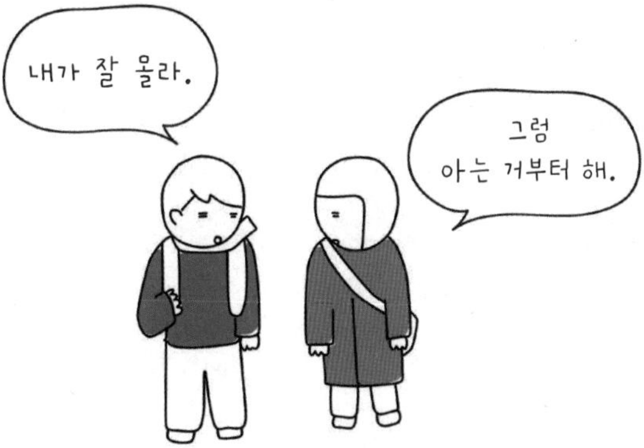
내가 잘 몰라.
그럼
아는 거부터 해.

그... 그럴까?

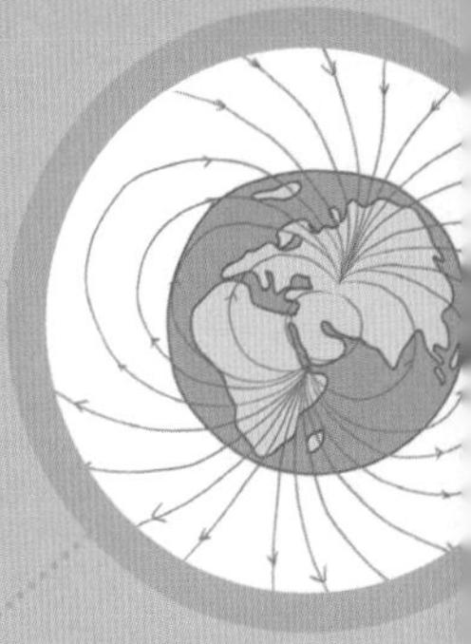

1부

우리가 사는 세계의 법칙

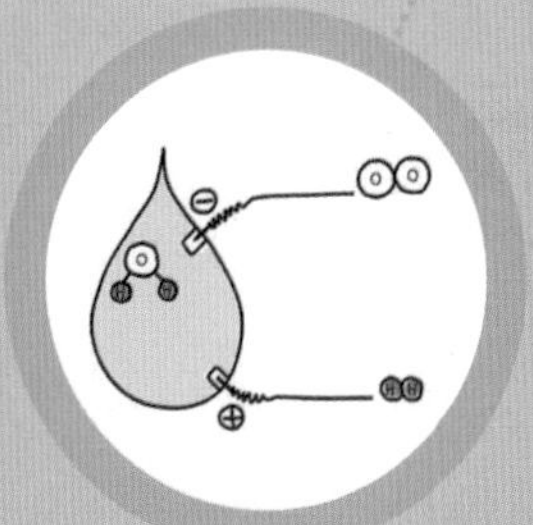

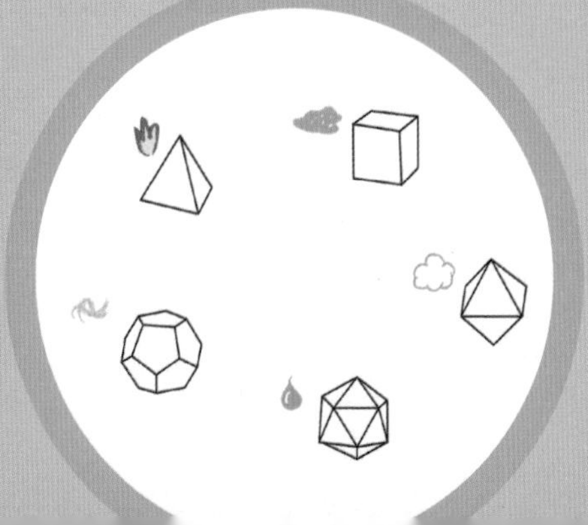

1화

세상은 텅 비어 있다

어떤 재난이 발생해서
지구상의 과학 지식이 모두 파괴되었어.

어떻게 생겨 먹었을지도 모를
다음 세대의 지적 생명체에게
오직 한 문장만 전할 수 있다면
어떤 문장이 가장 좋을까?

또박 또박
세상의 모든 것은 설명될 수 있다?
자기다운 생각이군….

파인만의 생각은 이렇대.

리처드 파인만
Richard Feynman
(1918 ~ 1988)

농담을 잘하는 물리학자.
'양자전기역학의 재규격화'로
노벨 물리학상을 받음.
아인슈타인 이후
최고의 천재라는
평가를 받기도 함.

"모든 것은
원자로 이루어져 있다."

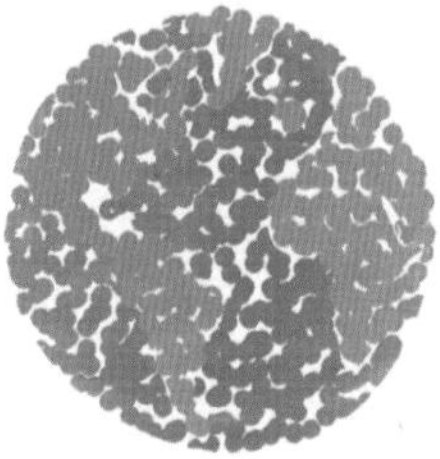

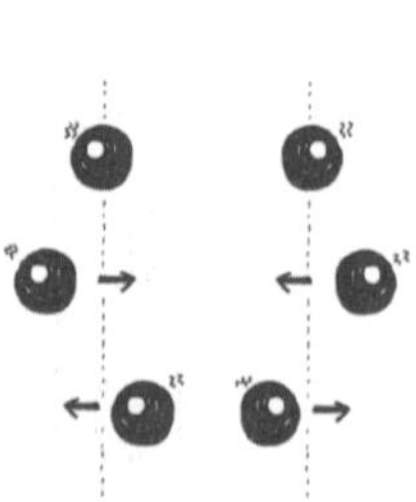

"원자는 끊임없이 움직이며
약간의 간격이 있을 때는
서로를 끌어당기지만 너무
가까이 가면 서로를 밀어낸다."

철학적인데. 이미
수천 년 전 그리스에서
얘기한 거고.

그리고, 그걸로 될까?
원래 의심 많음

원래 잘 빠져듦.
그래도 멋지지 않아?
뭔가 인간관계랑도 비슷한 게.

원자는

작다.

작아도 너무 작다.

10^{-10}m
1/10,000,000,000m
0.0000000001m
100억분의 1m

와닿지 않는
숫자들….

방울토마토를
예로 들어보자.

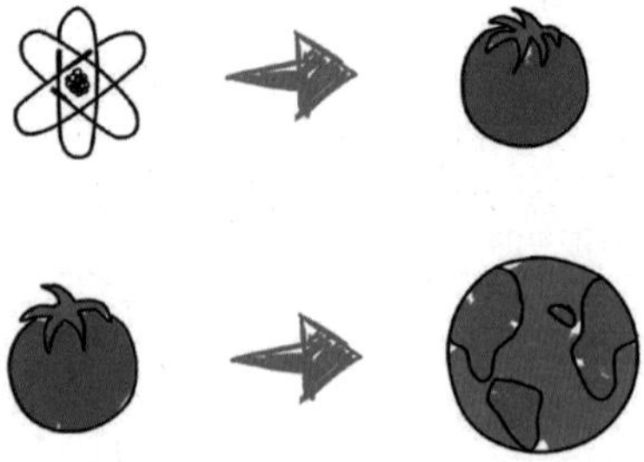

원자를 방울토마토 크기로 만들려면
방울토마토를 지구만 한 크기로 만들어야 한다.

게다가 원자는
작은 데다 '텅' 비어 있다.
놀라울 정도로.

원자 대부분의 공간은
텅 비어 있다.

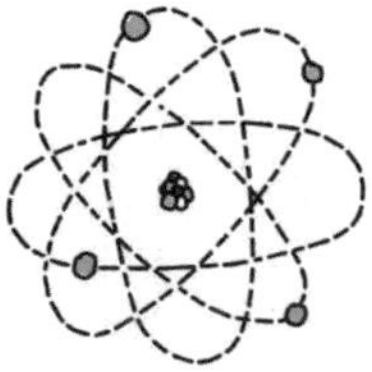

원자 하나의 크기가 대형 성당만 하다고 하면,
원자핵은 성당 안에 있는 파리 한 마리 정도다.
그러면서도 무게는 성당 대부분을 차지한다.

파리 무게가 99.95%,
나머지 성당 공간이
차지하는 무게는 0.05%

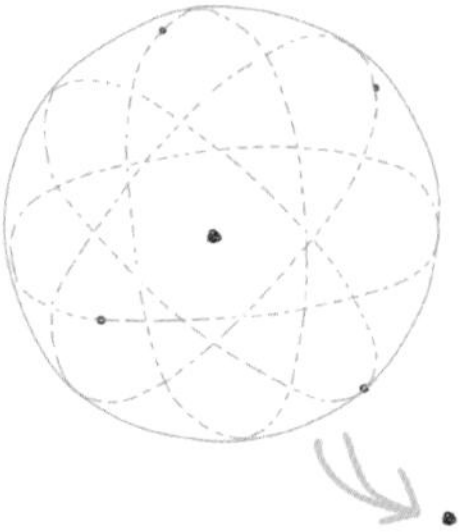

63빌딩을 구성하고 있는
모든 원자에서 빈 공간을
제외한다면

63빌딩은 쌀알만 한 크기로 줄어든다.

세상은 꽉 차 있는 것 같지만,

사실은 텅 비어 있다.
마치 우주처럼.

"그러면 엄청나게 작은 원자를
도대체 어떻게 발견한 거지?"

1화 끝

2화

원자를 찾아서

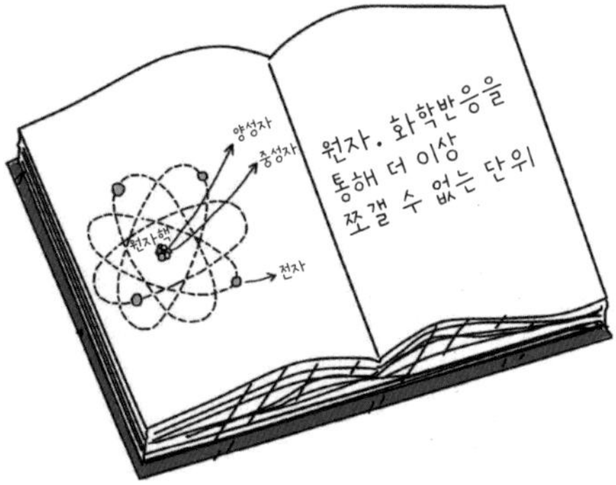
양성자
중성자
원자핵
전자
원자. 화학반응을
통해 더 이상
쪼갤 수 없는 단위

더 이상 쪼갤 수 없다?
그럼 쿼크는 뭐야?

여기에서 포인트는
화학반응이라는 조건.

<물리적 쪼개기>

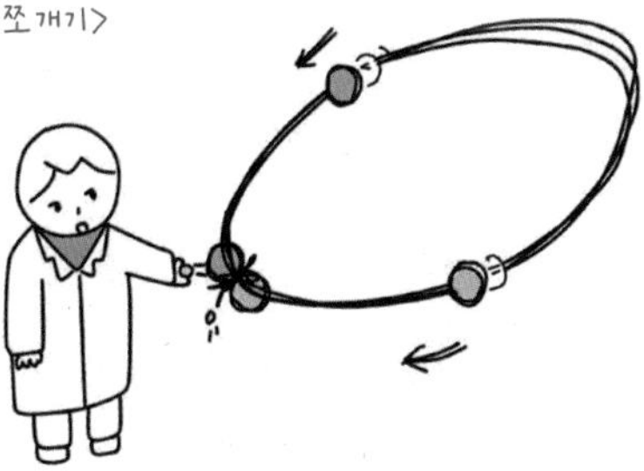

물리적으로 쪼개면
쿼크 같은 입자들이 만들어지기도 해.

<화학적 쪼개기>

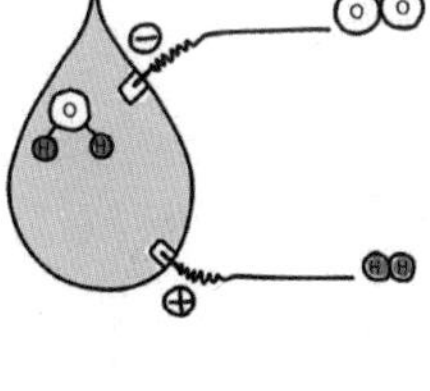

일단 원자는 화학적으로
가장 작은 단위라고 알면 돼.

보이지 않는 원자를
어떻게 찾았을까?

음. 브라운 운동부터 시작해보자.

1827년, 브라운 씨가 관찰한 운동.

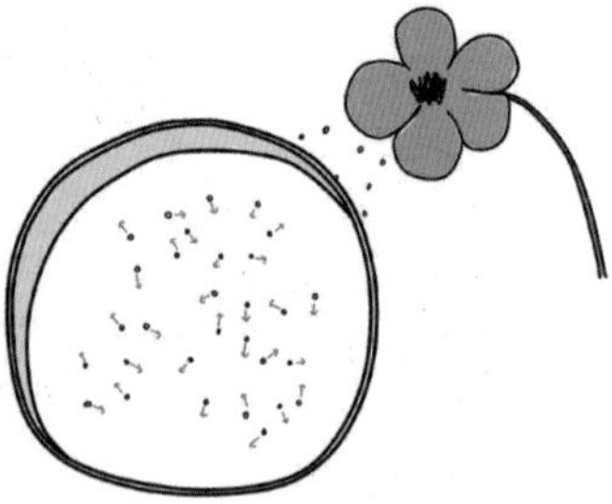

물 위에 꽃가루를 뿌린 다음
현미경으로 관찰하면
가루들이 춤을 추듯 진동한다.

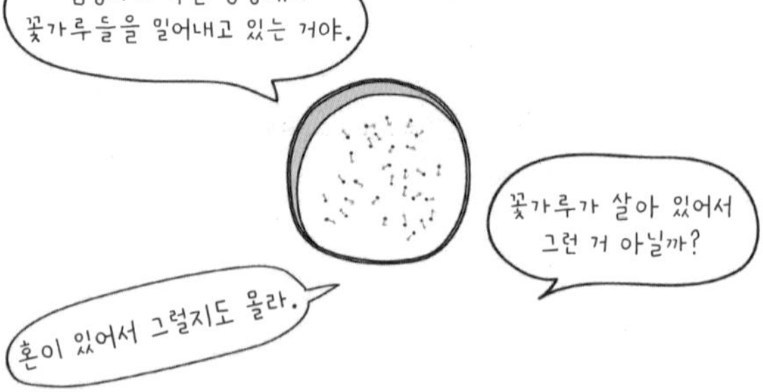
엄청나게 작은 생명체가
꽃가루들을 밀어내고 있는 거야.
꽃가루가 살아 있어서
그런 거 아닐까?
혼이 있어서 그럴지도 몰라.

사람들은 이를 미생물의
움직임이라 생각했지만,
브라운의 생각은 달랐다.

로버트 브라운
Robert Brown
(1773~1858)

자신의 이름을 딴 운동을 발견.
대영박물관 큐레이터로
일한 경험이 있는 식물학자.

<브라운 씨의 집요한 꽃가루 운동 파헤치기>

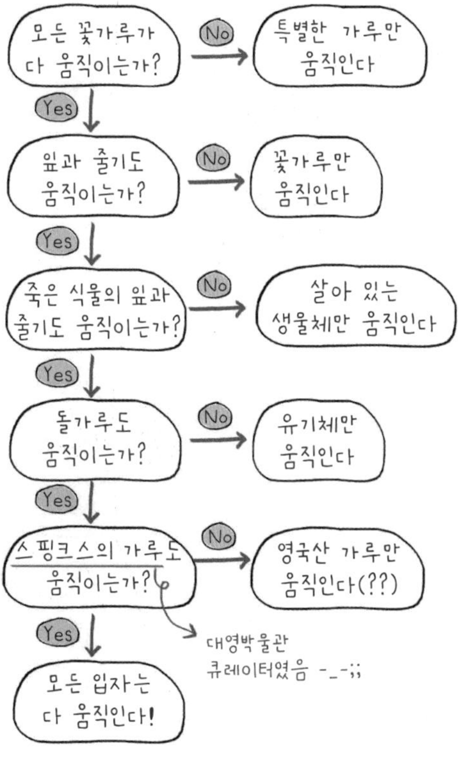
모든 꽃가루가 다 움직이는가?
No
특별한 가루만 움직인다
Yes
잎과 줄기도 움직이는가?
No
꽃가루만 움직인다
Yes
죽은 식물의 잎과 줄기도 움직이는가?
No
살아 있는 생물체만 움직인다
Yes
돌가루도 움직이는가?
No
유기체만 움직인다
Yes
스핑크스의 가루도 움직이는가?
No
영국산 가루만 움직인다(??)
Yes
모든 입자는 다 움직인다!
대영박물관 큐레이터였음 -_-;;

그런데 왜??

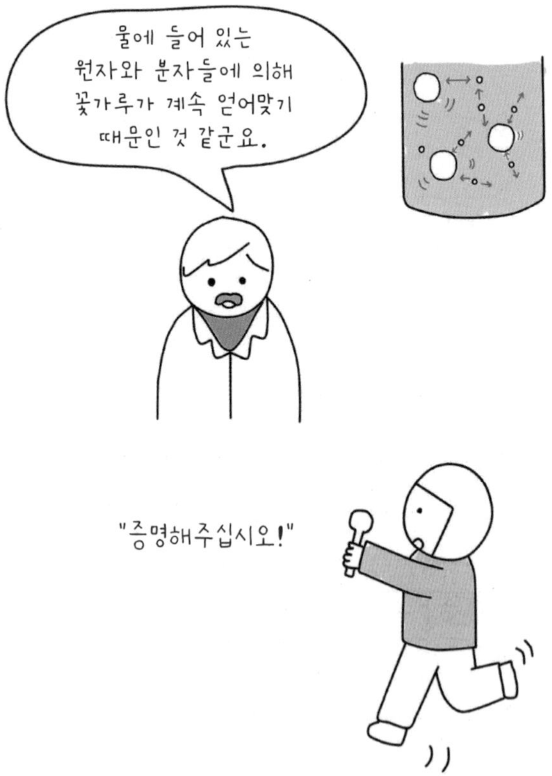
물에 들어 있는
원자와 분자들에 의해
꽃가루가 계속 얻어맞기
때문인 것 같군요.
"증명해주십시오!"

그러나 입증할 수는 없었다.
이를 풀 수 있는 사람이 나타나기까지는
수십 년이 걸렸다.

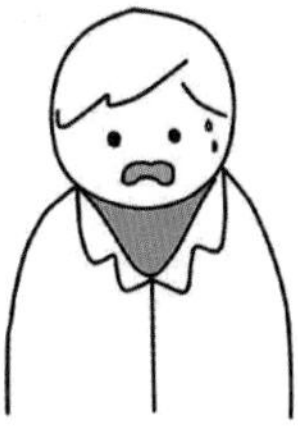

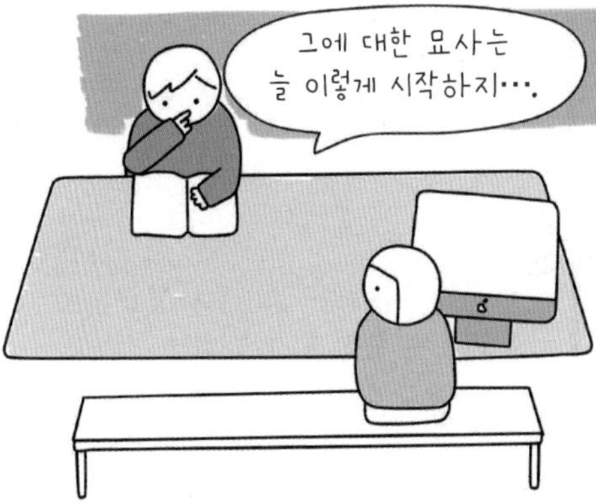
그에 대한 묘사는 늘 이렇게 시작하지….

공과대학 졸업

가정 교사로 일함

비정규직 교사로 일함

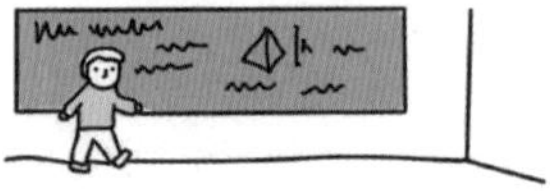

친구의 추천으로 특허청 취직

퇴근 후 집에서 연구

1905년 네 편의 논문 발표

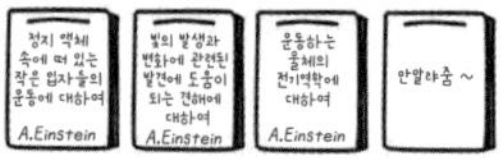

노벨상 후보

한 편의 논문에서 브라운 운동 연구로
원자의 존재를 입증

노벨상 수상

다른 논문에서는 빛의 입자성을
도입하여 광전 효과를 설명

다른 한 편의 논문에서는
특수상대성이론을 등장시킨다.
몇 달 뒤 제출한 짤막한 보충자료에는
$E=mc^2$이라는 공식이 들어 있었다.
(이 논문으로 세상을 바꾸었다.)

알베르트 아인슈타인
Albert Einstein
(1879~1955)

상대성이론을 제안한 것으로
유명한 유대인 이론물리학자.
혜성처럼 나타나 기존의
물리학 법칙을 갈아엎어버린 천재.

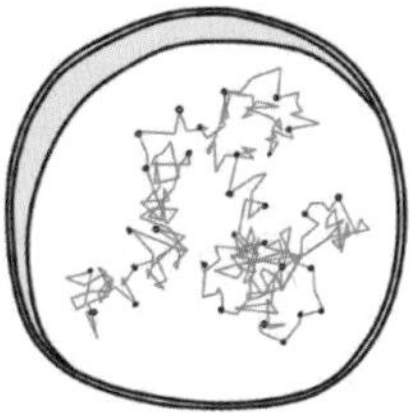

그는 브라운 운동을 수식으로 완벽하게 정리했다.
그것은 원자의 존재에 대한 최초의 입증이었다.

어떻게
입증했는데?

나중에
공부해서
알려줄게.
그걸 내가…
알까?

그리고 3년 뒤, 프랑스의 물리학자 장 페랭은
브라운 운동을 실험으로 측정했다.
통계적인 방법을 통해서였다.

결과는 아인슈타인의 이론과 정확히 일치했다.

아인슈타인
말이 맞아요.

장 페랭
Jean Perrin
(1870~1942)

브라운 운동에 대한
아인슈타인의 주장을
실험적으로 증명함으로써
노벨 물리학상 수상.

이론이 실험으로 입증된 것이었다.
그리고 그것은 '이론'에 대한 생각을 바꾸었다.

그전까지 이론은
일어나는 현상과
사실들에 대한
설명이었다.

그러나 아인슈타인 이후
이론은 실험적으로 불가능한 것들까지
포함하여
탐구되기 시작했다.

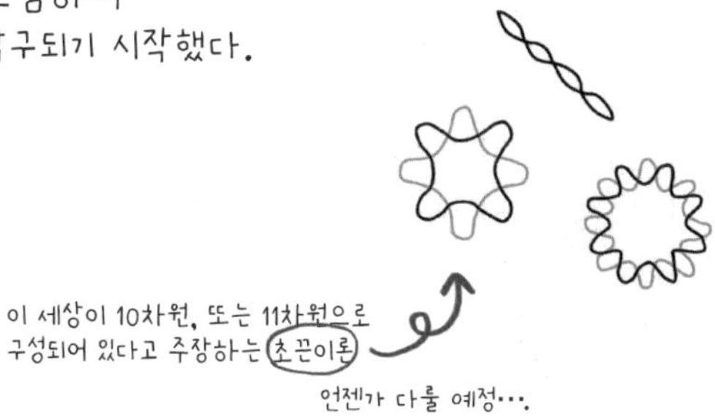
이 세상이 10차원, 또는 11차원으로
구성되어 있다고 주장하는 초끈이론
언젠가 다룰 예정….

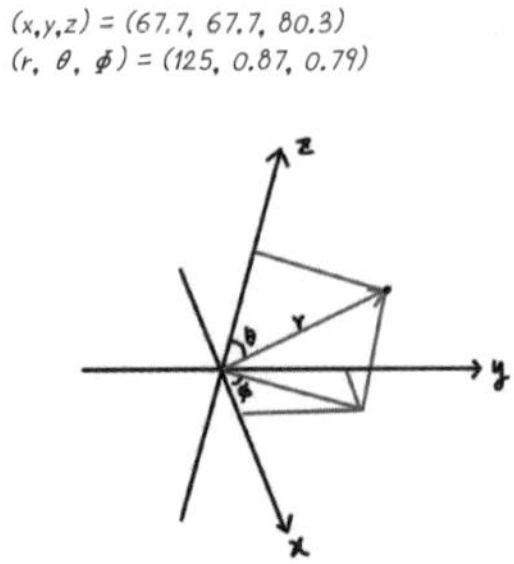

이론물리학자들에게
원자는 위치와 속력을 갖는
확실한 실체이다.

그러나 실험물리학자들에게
원자는 눈으로 볼 수 없고,
통계를 통해 추론할 수밖에 없는 존재였다.

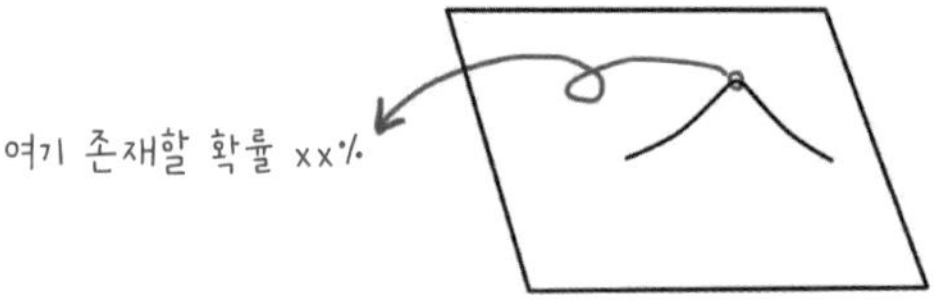

물리학자는 이론물리학자와
실험물리학자로 구분되기 시작했다.

<이론물리학자>
ex) 미국 드라마 '빅뱅이론' 쉘든

<실험물리학자>
ex) 미국 드라마 '빅뱅이론' 레너드

네가 노벨상을 타는 날은 내가 하늘을 나는 양탄자 깃털의 항력계수에 대한 연구를 시작하는 날이 될 거야.
쉘든
깐죽 깐죽
닥쳐...
레너드

실험물리학자 : 실험을 하는 물리학자
이론물리학자 : 실험을 하지 않는 물리학자

레온 레더만(Leon Lederman, 1993)의 구분법.
이론물리학자를 비꼬고 있다.

2화 끝

3화

언제나 그런 건 아니다

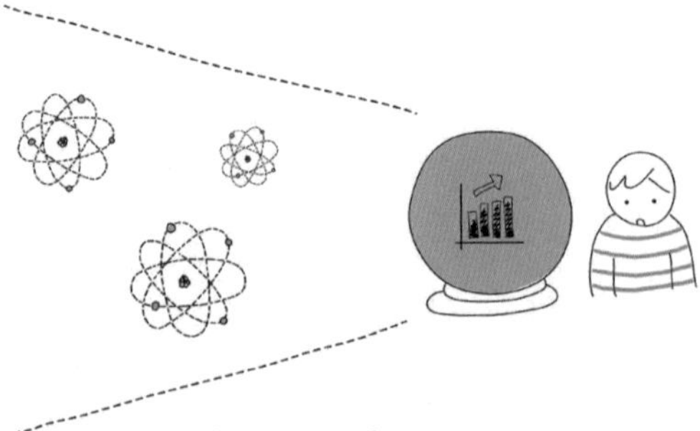

"이것이 지금 우리가
원자와 분자에 접근하는 방법이야."

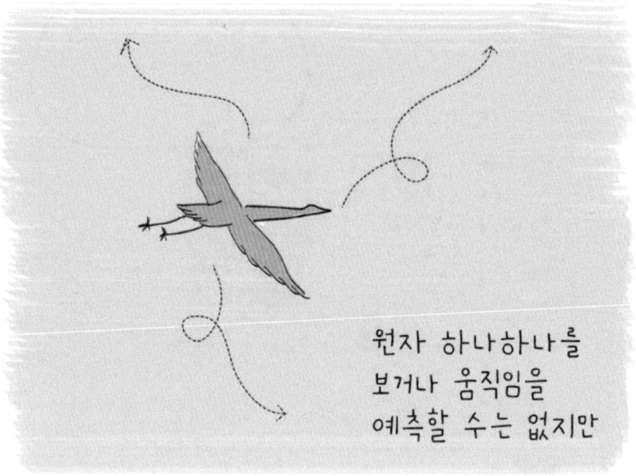
원자 하나하나를
보거나 움직임을
예측할 수는 없지만

"집단의 움직임을 예측할 수는 있지."

열역학 제2법칙도
확률과 통계를 통해 설명이 돼.

열역학 제2법칙은,
엔트로피가 끝없이
증가한다는 거지?

"굉장한데?"
제1법칙은 에너지
보존 법칙이고

나 물리Ⅱ 선택했어.
물리 II
그것도 전교에서
딱 네 명…

<열역학 제1법칙>

우주에 있어서의 물질과 에너지의 총량은 일정하여
결코 더 이상 조성되거나 소멸되지 않는다.

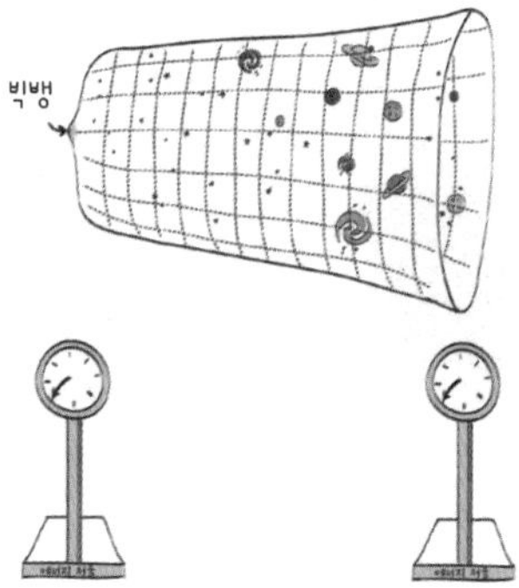

<열역학 제2법칙>

물질과 에너지는 무질서도가
높아지는 방향으로 변화한다.

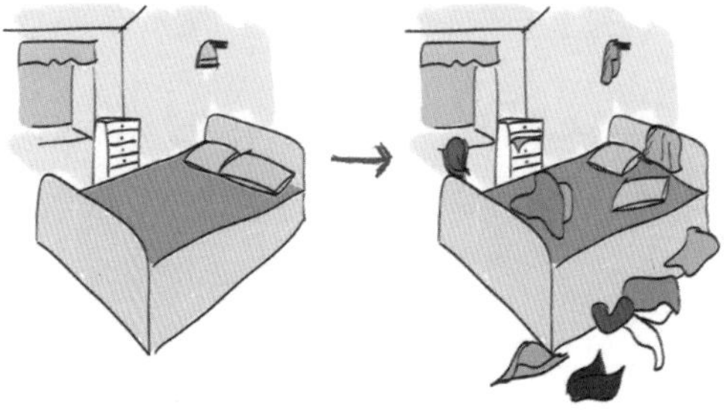

엔트로피는 최댓값을
향해 끝없이 증가한다.
루돌프 클라우지우스
Rudolf Clausius
(1822~1888)
독일의 물리학자.
엔트로피라는 말을 생각해냄.

내 차가 다 식었네.
저거랑 섞어야지.
악 싫어…

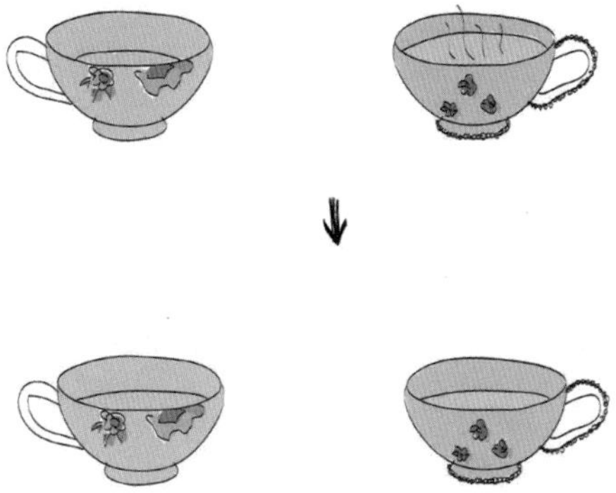

뜨거운 물과 차가운 물을 섞으면 미지근한 물이 된다.
엔트로피가 증가한다.

"엔트로피가 감소해
다시 내 차가 따뜻해지고
네 차가 차가워지는 일이
일어날 확률은 플랑크 상수
정도 되려나?"
뭐야.
저 쉘든스러운 말투는….

열은 언제나

뜨거운 곳에서 차가운 곳으로 흐른다

엔트로피는
모든 과학에서
제1법칙이죠.

알베르트 아인슈타인
Albert Einstein
(1879~1955)

그런데 왜?

정말 '언제나' 그럴까?

우리가 만약 원자 차원으로
들어가 살펴볼 수 있다면

뜨거운 물에 있는
원자들의 에너지가 높고
빠르게 움직이는 걸
볼 수 있을 것이다.
기상!
등산 가자!
더 잘래
추워.
안 나가.
반면 차가운 물에 있는
원자들의 에너지는 낮고
천천히 움직인다.

일어나아~
Zz
집에 있을래
산에 가자아~

두 가지 물이 섞이면
빠르게 움직이는 원자들과
천천히 움직이는 원자들이
뒤섞여 서로 충돌한다.

8시 기상
동네 산책이라도 가자

이 과정에서
빠르게 움직이는 원자들은 에너지를 잃고
천천히 움직이는 원자들은 에너지를 얻어
점차 비슷한 에너지를 갖게 된다.

원자도 '언제나' 그럴까

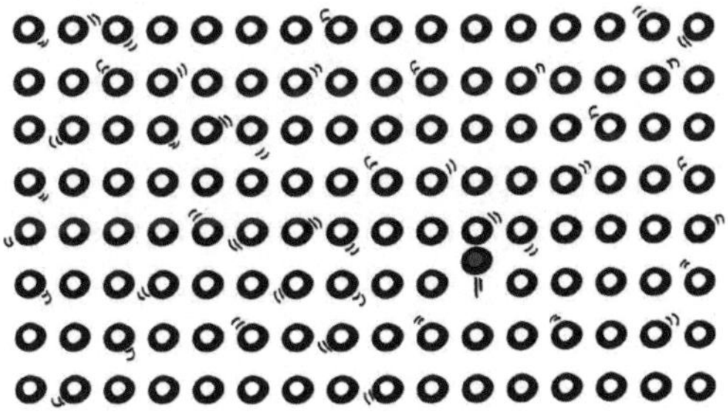

언제나 그런 것만은 아니다.

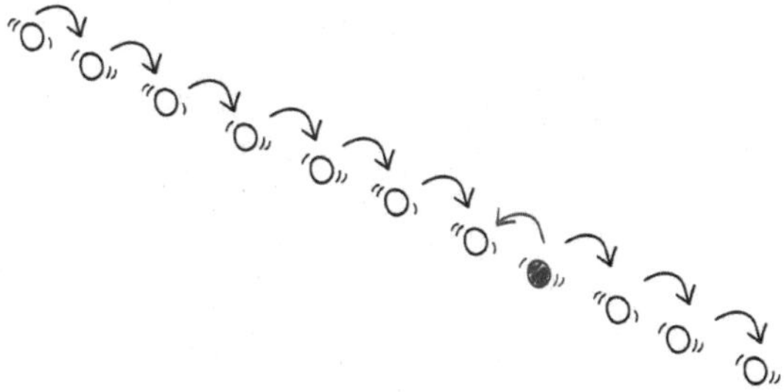

부딪히는 방식에 따라
에너지가 낮은 원자에서 에너지가 높은 원자로
에너지가 이동할 가능성도 있다.

물론, 아주 작은 확률이다. 대부분은
에너지가 높은 곳에서 낮은 곳으로 이동한다.

원자 하나가 에너지를 얻을지
잃을지는 알 수 없지만,

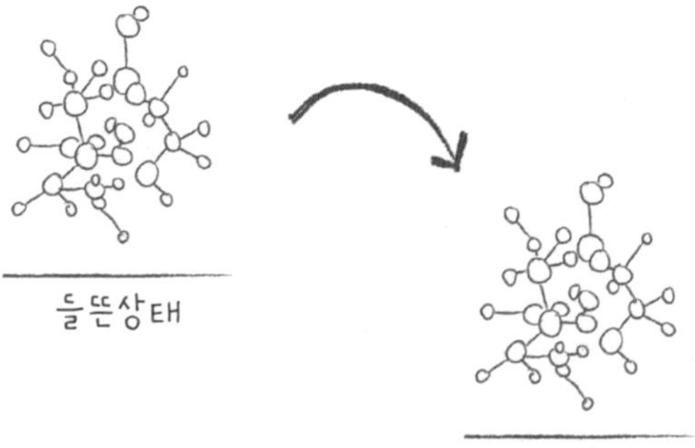

집단을 보면 틀림없이 열은
뜨거운 곳에서 차가운 곳으로 흐른다.

이렇게 열역학 제2법칙은
확률과 통계를 통해 설명된다.

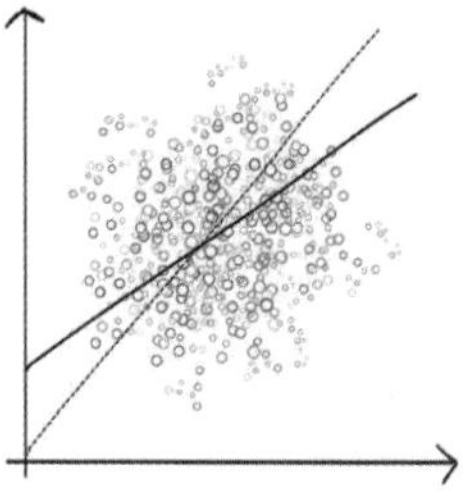

마치 어떤 개인이 로또에 당첨될지 당첨되지 않을지 예측할 수 없지만, 집단으로 보면 당첨되는 사람이 언젠가는 늘 나타나는 것처럼.
LOTTO

3화 끝

4화

인간 세계의 법칙

북극에서 약 1,000km 떨어진
노르웨이의 스피츠베르겐이라는 섬.

돌무더기로 이루어진 지름 약 2m의
정교한 고리 모양 둔덕.
사람 없는 지역에 남겨진 기묘한 흔적들….

누가 만들었을까? 무슨 목적으로?

지구 물리학자 브래드 워너와 마크 케슬러는
이런 돌무더기를 연구했다.

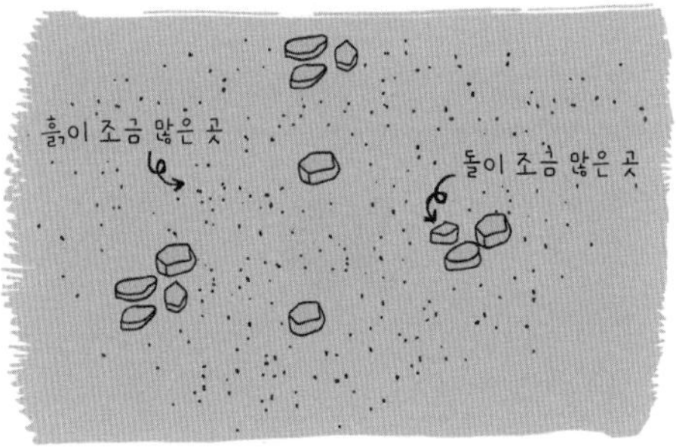

처음에는 흙과 돌이 뒤섞여 있었다.
완전히 균일하지는 않았다.

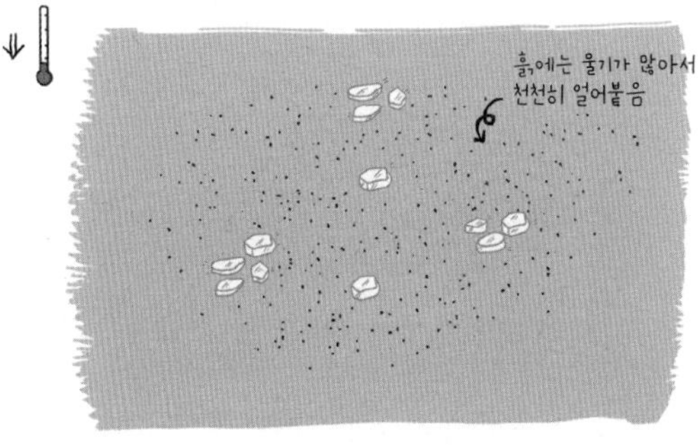

기온이 내려가면,
돌이 많은 곳이 조금 더 빨리 언다.

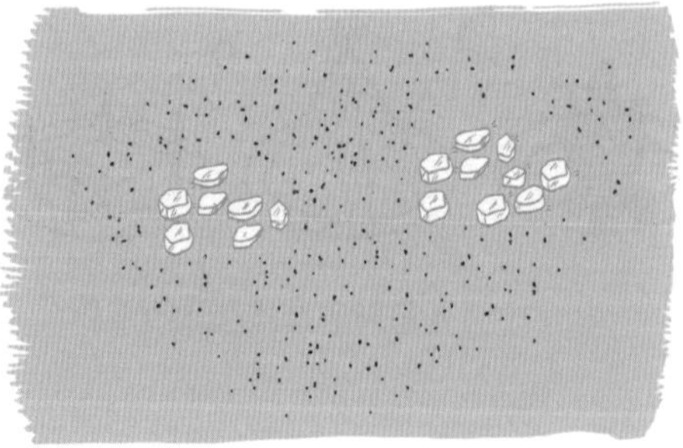

얼어붙는 속도가 다르면
흙은 흙끼리 모이고
돌은 돌끼리 모이는 현상이 일어난다.

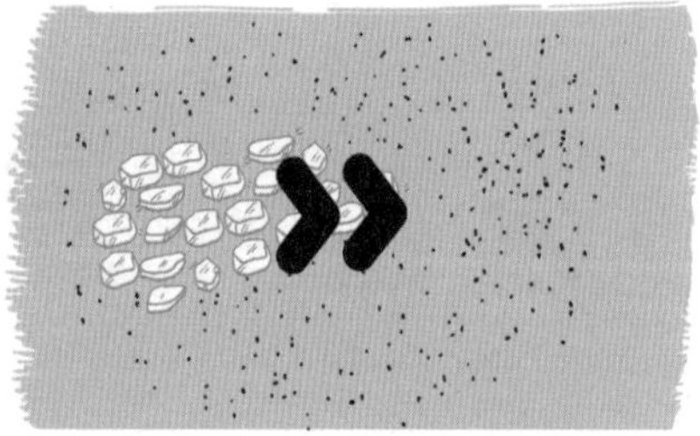

땅이 얼었다 녹았다를 반복하면 할수록
점점 흙으로만 된 곳과
돌로만 이루어진 곳으로 나누어진다.

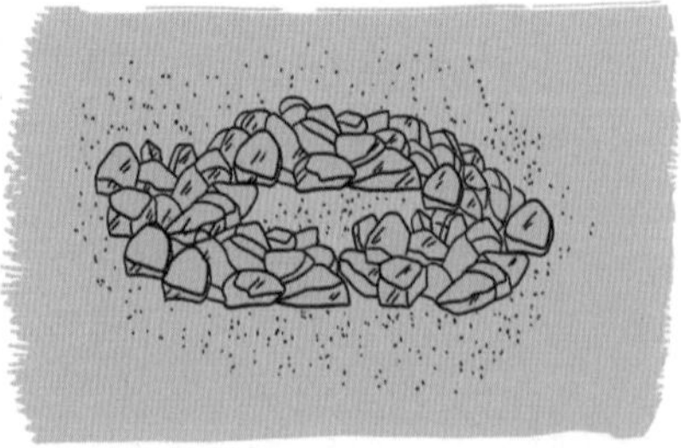

그리고 돌이 모이면서 산처럼 모였다가
너무 높아지면 무너져 내린 긴 능선이 생기고,
이것들이 서로 만나 고리 모양으로 변하게 된다.

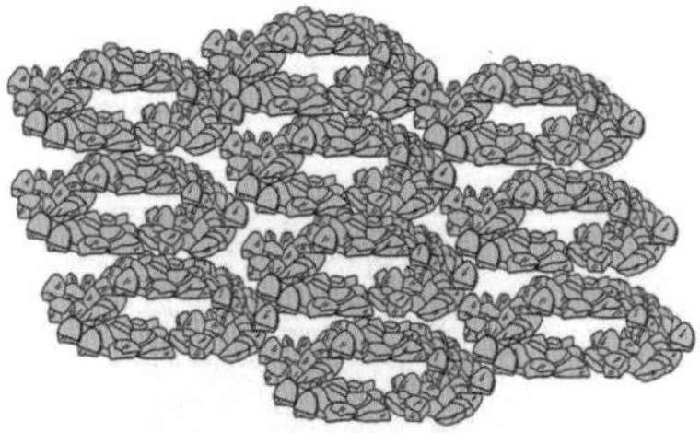

사람이 만든 것이 아니었다.
자연이 만든 것이었다.
흙과 돌의 어는점 차이가 이러한 패턴을 만들어냈다.

아주 작은 차이에서
거대한 패턴이
시작되는 것이다.

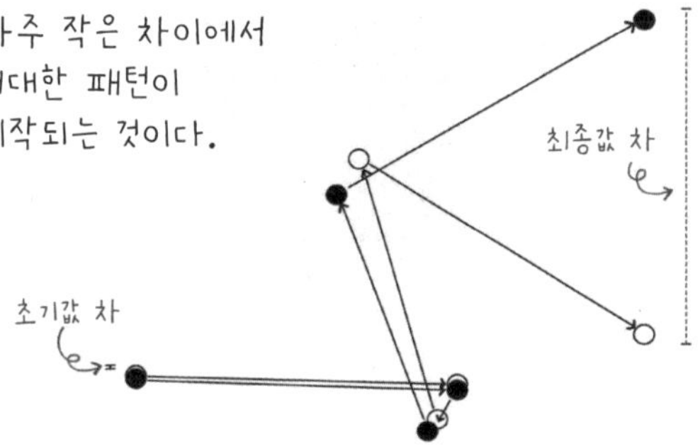
최종값 차
초기값 차

태풍도 적도에서 시작될 때는 이런 아주 작은 기압차에서 시작해 점점 거대한 소용돌이가 돼.
내 상태가 소용돌이다
돌무더기… 그리기 어려워

우주에서 최초로 별이 탄생하는 것도
10만분의 1에 가까운 아주
미세한 밀도 차이에서부터 시작되었대.

미세한 차이에서
차이가 커지는 방향으로
진행될 수 있을까?

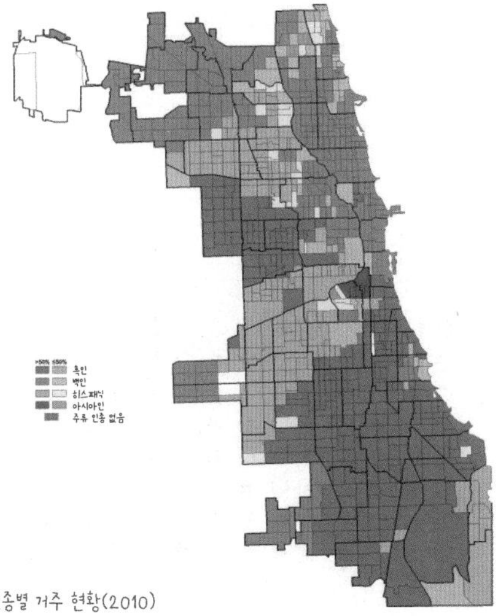

시카고의 인종별 거주 현황(2010)
By Lilic [CC BY 3.0 (http://creativecommons.org/licenses/by/3.0)], via Wikimedia Commons

미국의 도시에서는 인종에 따라
거주 지역이 달라지는 경향이 있다.

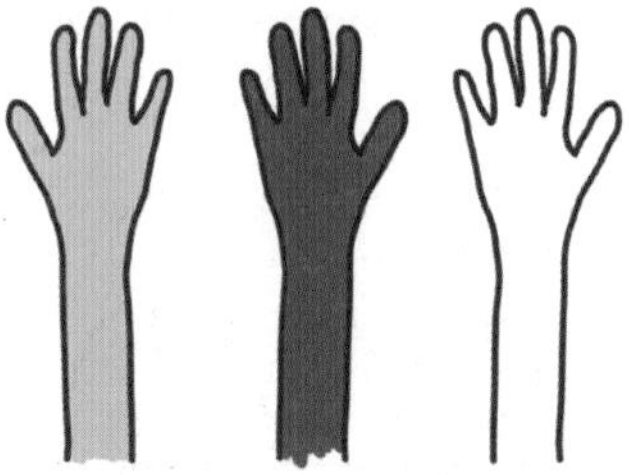

이는 당연히 인종주의 때문이라고 여겨졌다.

그러나 토머스 셰링은, 어쩌면 인종 분리 현상이
실은 인종주의와 무관한 것은 아닐까, 생각했다.

<잘 통합된 사회>

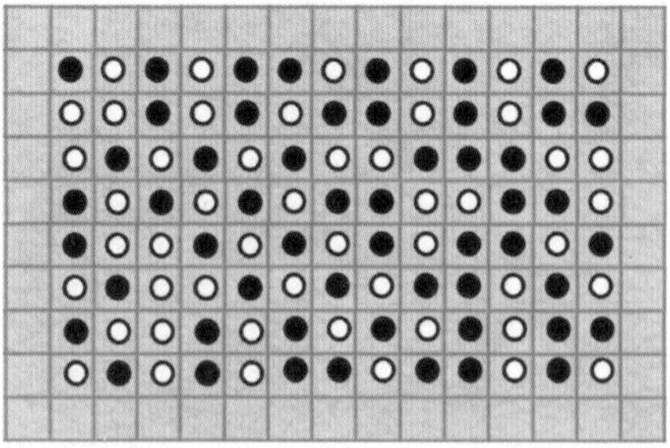

그는 컴퓨터로 실험을 고안했다.
거대한 체스 판을 만들고 흰 돌과 검은 돌을
마구잡이로 섞어 체스 판 위에 놓았다.

그리고 그는 몇 가지 규칙을 적용했다.

<규칙 1>

사람들은 인종주의자여서
이웃에 자기와 다른 인종이
한 명이라도 있으면 이사를 간다.

<규칙 1 결과>

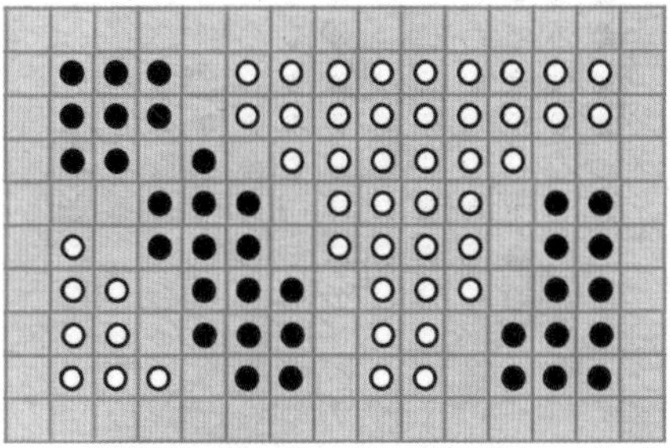

사회의 분리가 아주 빠르게 일어났다.
흰 돌과 검은 돌이 빠른 속도로 따로 모였다.

<규칙 2>

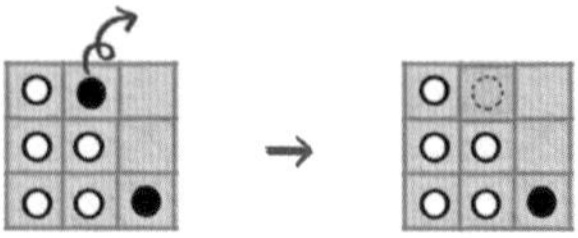

사람들은 이웃에 다른 인종이 살아도 크게 상관하지 않는다.
단, 사람들은 절대적인 소수자가 되고 싶어 하지는 않는다.
예를 들어, 30퍼센트 미만의 소수가 되면 '인종주의자'가
아니더라도 다른 곳으로 이사를 간다.

<규칙 2 결과>

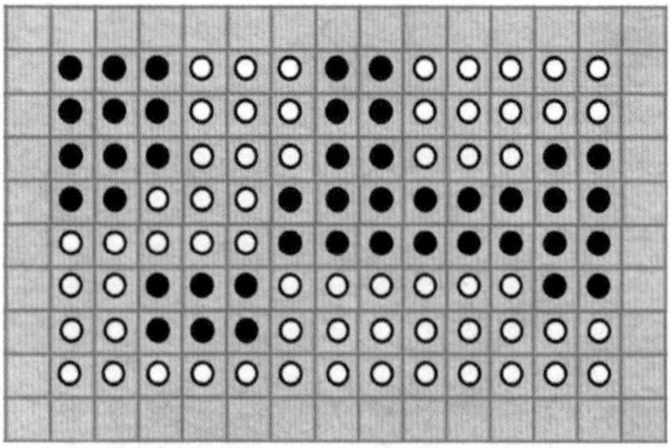

그러자 결론은 놀라웠다.
잘 섞여 있다 하더라도, 규칙을 적용하자
흑과 백으로 나뉜 것이다.

누구도 인종주의자가 아니었는데….

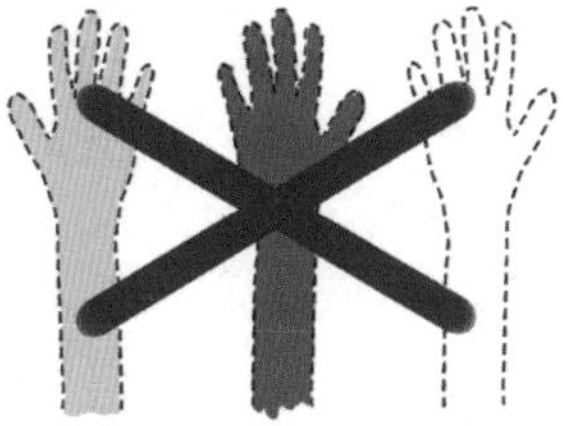

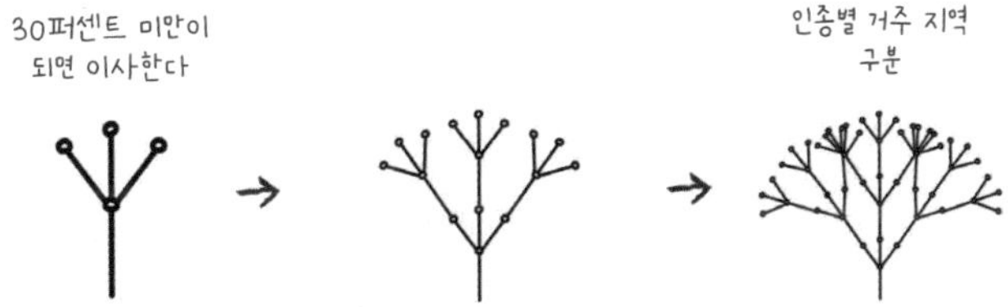

단순한 규칙 하나가 사회의 거대한
패턴을 만들어낸 것이다.

우리는 원자나 분자처럼 모두 자유롭고,
자신의 의지대로 행동할 수 있지만,

어쩌면 거대한 패턴은
쉽게 예측 가능한지도 모른다.

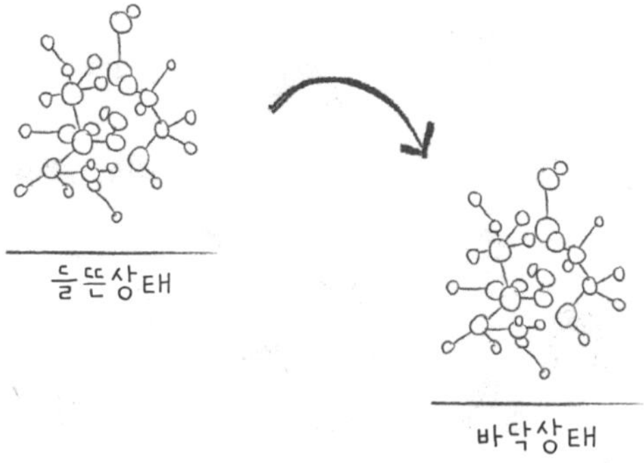

열역학 제2법칙처럼.

우리는 아무거나
자유롭게 선택할 수 있지만,
인간 전체를 놓고 보면
그 움직임을 예측할 수 있다?
양자론의 인간 버전이네.
사과 좀 먹어

오죽 인간을 이해하기
힘들었으면 양자에 비유했을까.
그런 인간이, 우주를 바라보며
우주의 기원을 찾고 있다는 건
좀 놀랍긴 해.
자기도 인간이면서…
이제야 다 그렸네…

확실히 좀 놀랍긴 해.

우리가 이런 걸
궁금해하고 있다니.

우리가 살고 있는 이 우주는…

어떻게 시작되었을까?

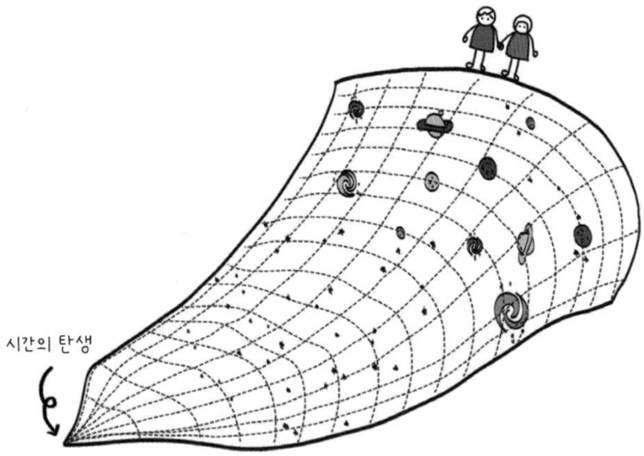

4화 끝

Scienstagram

파인만

♡ 좋아요 10k개

파인만 역시 쉴 때는 그림 그리기가 최고!
#내가그렸지만미친실력 #내가못하는건과연뭘까
#진지한고민

오펜하이머 금고만 잘 터는 줄 알았더니 그림까지!
#파인만은금고털이범 #고자질중 #요즘은안털겠지

↳ **파인만** 아하하하 ;; #팀장님뒷끝작렬

허블 리처드 자네 그림까지 잘 그리는 줄은 몰랐군!
#엄친아인정 #물론나도

아인슈타인 내 앞에서 논문 발표했던 게 엊그제 같은데, 어느새 거장의 반열에 올랐군요, 리처드.
#넌그때참풋풋했지 #지금은...

2부

우리가 서 있는 곳

5화

어디서 무엇이 되어 다시 만나랴

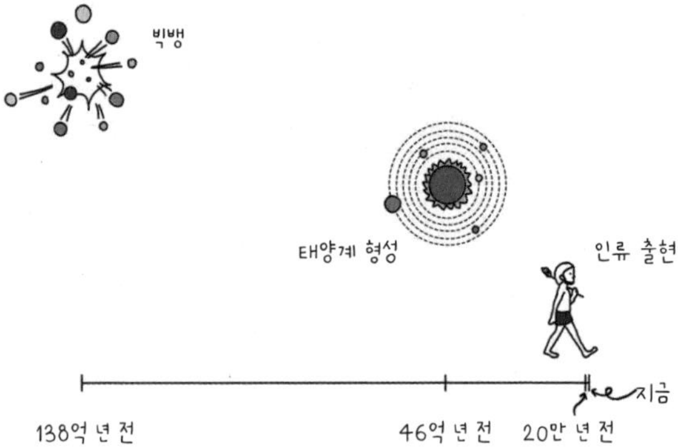

우주가 탄생하고, 태양과 지구가 만들어졌다.
그리고 38억 년 전 생명이 시작되었다.

빅뱅의
잔해들
그로부터
38억 년이
지난 뒤,
사람들은
이런 일이
어떻게
일어났는지
궁금해한다.

아주 오래전,

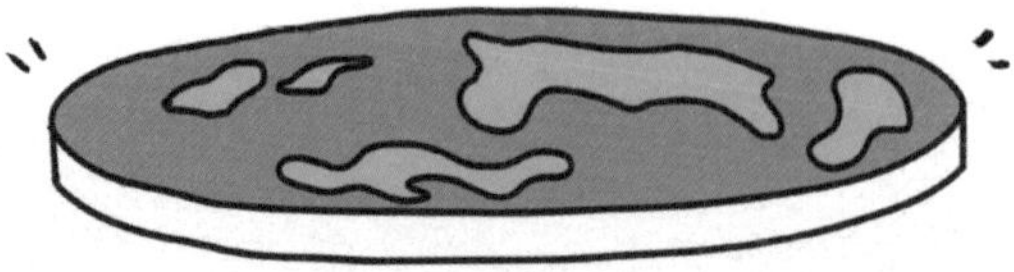

사람들은 지구가 평평하다고 생각했다.

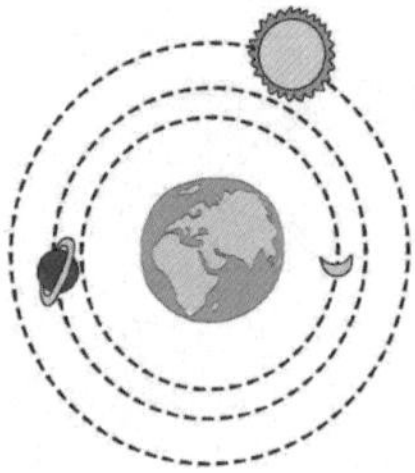

그리고 지구가 우주의 중심이고
태양과 별이 지구를 돈다고 생각했다.

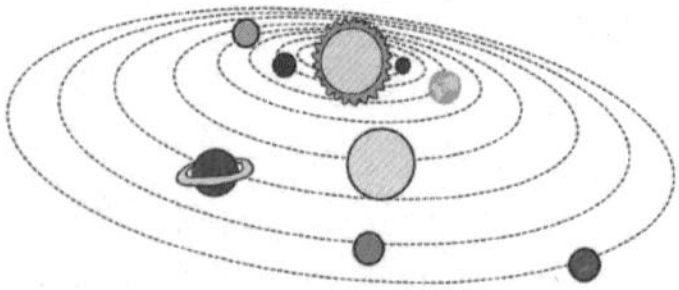

코페르니쿠스 이후 사람들은,
태양이 지구를 도는 것이 아니라,
지구가 태양을 돈다는 사실을 알게 되었고

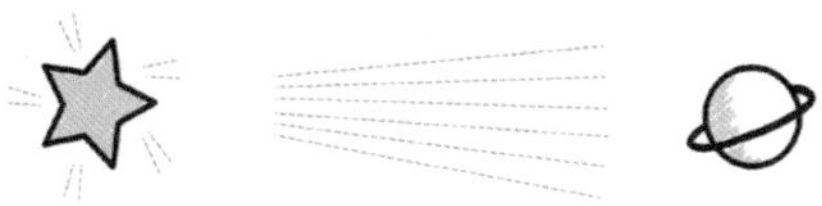

별과 행성을 구분하고

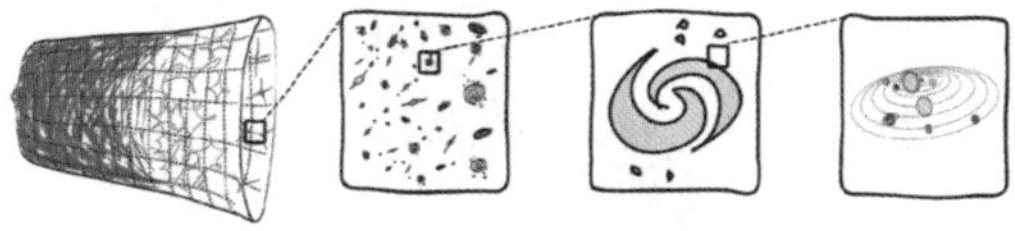

태양과 같은 별이 얼마나 많은지
우주에 은하계가 또 얼마나 많은지를
알게 되었다.(정확한 수는 아니지만…)

많은 사람들은 우주를 보며 궁금해했다. 우주는 변하지 않을까?

같이 풀어보자.

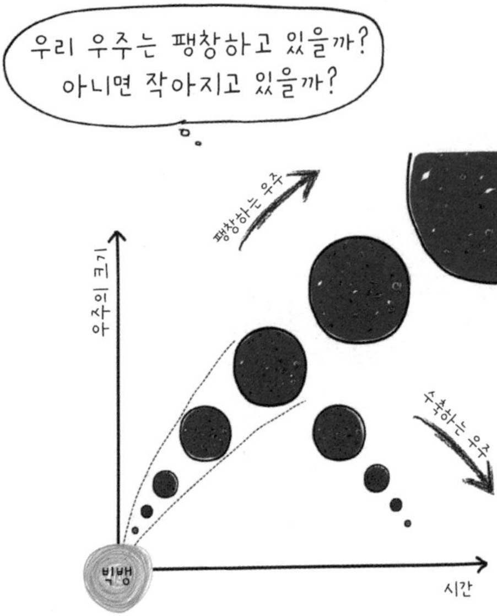
우리 우주는 팽창하고 있을까?
아니면 작아지고 있을까?
팽창하는 우주
수축하는 우주
우주의 크기
빅뱅
시간

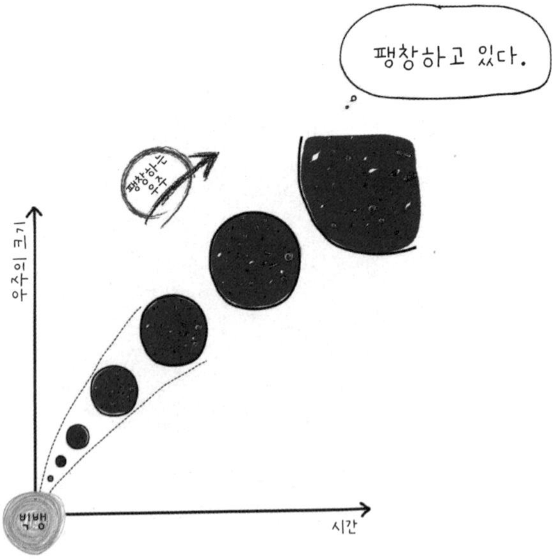
팽창하고 있다.
팽창하는 우주
우주의 크기
빅뱅
시간

또, 사람들은 궁금해했다. 우주의 팽창 속도는 일정할까?

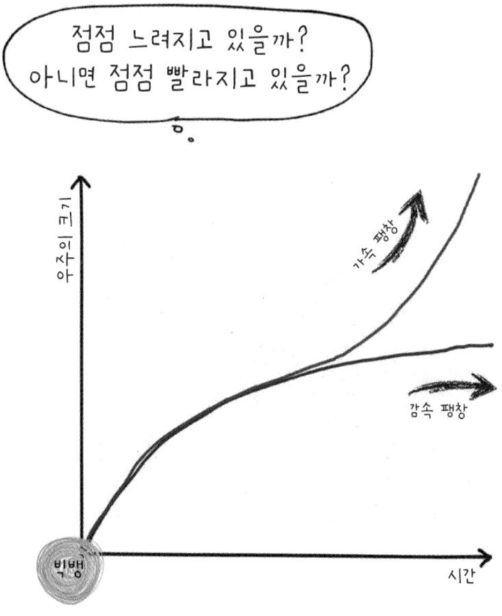
점점 느려지고 있을까?
아니면 점점 빨라지고 있을까?
우주의 크기
가속 팽창
감속 팽창
빅뱅
시간

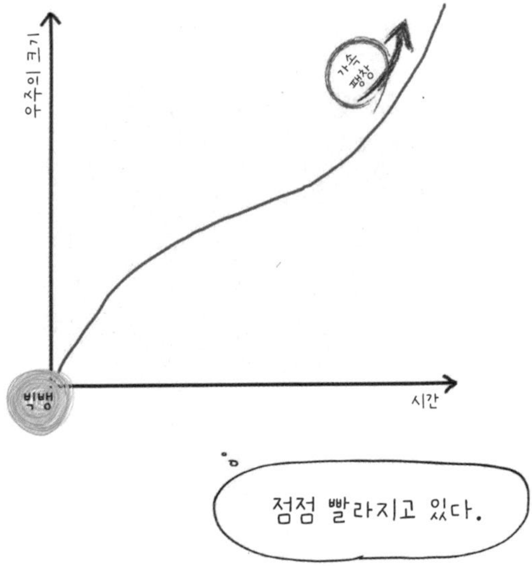
우주의 크기
가속 팽창
빅뱅
시간
점점 빨라지고 있다.

우주의 크기는 유한할까? 무한할까?
음… 무한?
무의식중에 대답해주고 후회하는 여자
뜬금없는 질문을 던지며 즐거워하는 남자

글쎄··· 아직 모른대.
왜 물어봤어 -ㅂ-

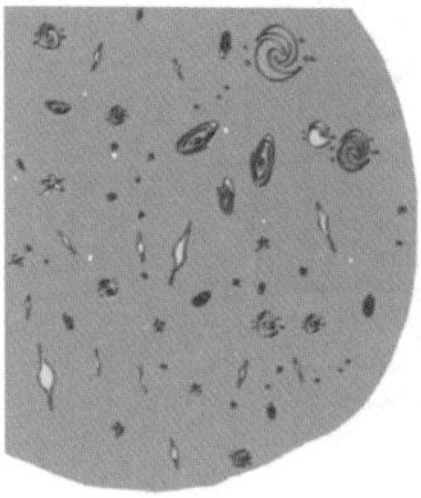

또,
사람들은 묻는다.

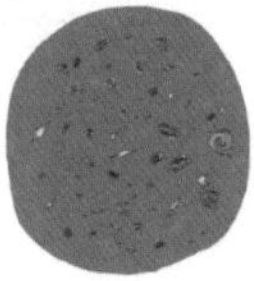

우주는 하나일까? 여러 개일까?

(만약 우주가 여러 개라면, 우주는
유니버스*가 아닌 멀티버스*로 불려야 한다.)

*유니 : 하나의, 멀티 : 여럿의

놀랍지 않아? 천문학자들은 어떻게 이 사실들을 찾아낼 수 있었을까? 나라면 지구가 둥글다는 것도 알아내기 힘들었을 텐데.
그야 당연하지.

그 정도는 개기일식을 보면 알 수 있지 않았을까?
토다는 거 즐김
어? 뭐라고?

지금 그거 개기월식
말하는 거지?
안 하느니만 못한
경우가 많다는 게 함정
쿡쿡

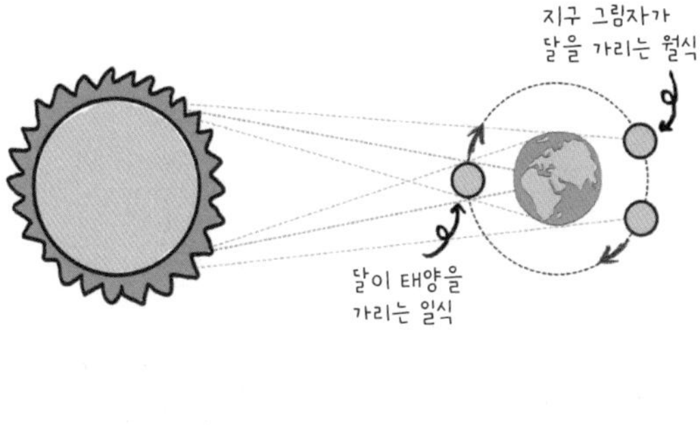
지구 그림자가
달을 가리는 월식
달이 태양을
가리는 일식

월식 때 달을 가리는 지구의 그림자가
둥근 모양인 걸 보면 지구가 둥글다는 걸 알 수 있다.

인간이 우주를 바라보는 지평은
임청나게 넓어졌다.

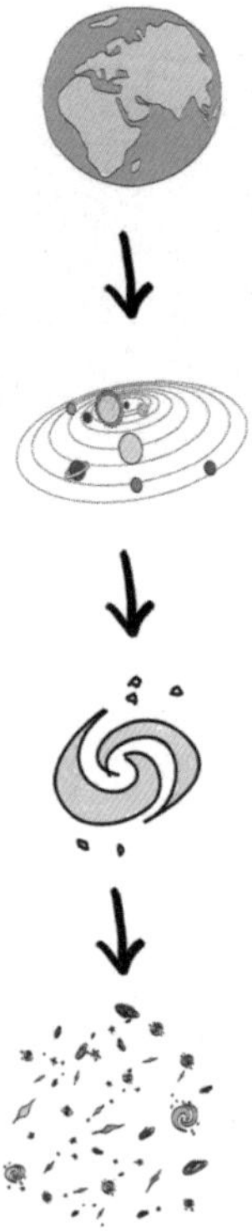

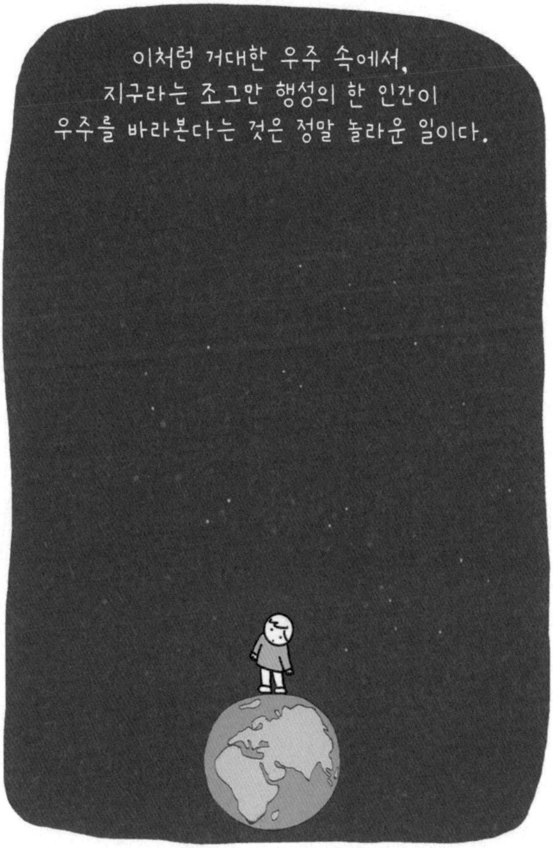
이처럼 거대한 우주 속에서,
지구라는 조그만 행성의 한 인간이
우주를 바라본다는 것은 정말 놀라운 일이다.

5화 끝

6화

발로 잰 지구의 크기

옛날 얘기 한번 해볼까.

지구가 둥글다는 걸 어떻게 추측했는지,
그리고 지구의 크기를 어떻게 쟀는지?

월식을 보면
알 수 있다니까!
아주 지가
제일 똑똑하지.

알았어. 알았어~ 그게 아리스토텔레스가 쓴 책에 적혀 있대.

ETI

아리스토텔레스
Aristotle
(BCE* 384~BCE 322)

플라톤의 제자이자,
알렉산더 대왕의 스승.
물리학, 형이상학, 시학,
생물학, 동물학, 수사학,
논리학, 정치, 윤리학 등
다방면의 책을 저술했다.

* BCE(Before Common Era)와 CE(Common Era)는
기존에 사용하는 BC(Before Christ)와 AD(Anno Domini)의
종교적 색채를 배제하는 중립적인 용어이다. 위키피디아, 스미소니언, 세계연감,
히스토리 채널 등에서 사용하고 있으며, 시대 구분에는 아무 차이가 없다.

그의 책 『천구에 대하여』에서는
지구가 둥글다는 주장에 대한 근거가
아래와 같이 나와 있다.

천구에 대하여

근거 1
월식이 일어나는 동안 달에 비치는
지구 그림자는 항상 둥글다.

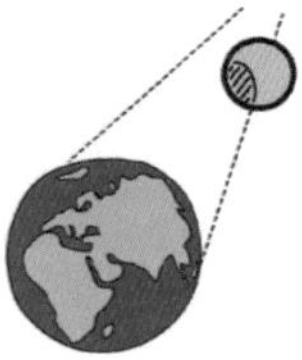

지구가 평평했다면
지구 그림자가 늘
둥글지는 않았겠지.

근거 2
수평선을 넘어가는 배를 볼 때 먼저 선체가
보이지 않게 되고, 그 다음 돛이 사라진다.

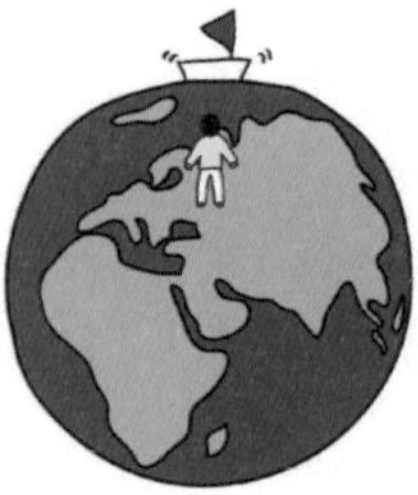

그럼 지구의 크기는
누가, 어떻게 쟀을까?

에라토스테네스
Eratosthenes
(BCE 276~BCE 194)

그리스의 천문학자, 수학자,
역사학자, 지리학자, 철학자,
시인, 연극 평론가.

그가 쓴 책들
『천문학』, 『지리학』,
『고통으로부터의 자유』

(당시 최대의 도서관)

그는 이집트에 위치한
알렉산드리아 도서관의
관장이었다.

어느 날 그는 파피루스 책을 읽다가
다음과 같은 글을 찾았다.

"남쪽 변방인 시에네 지방,
나일강의 첫 급류
가까운 곳에서는
6월 21일 정오에
태양빛이 우물의
바닥까지 닿는다."

6월 21일은 하지. 1년 중 낮이 가장 길지! 태양빛이 우물 바닥까지 닿는다는 것은 태양이 머리 바로 위에 있다는 뜻이지.
그 옷이랑 머리 뭐임?

보통 사람 같으면 그냥
지나쳐버릴 관측 보고였지.
재밌어?

그러나 에라토스테네스는
호기심이 많은 학자였다.
그는 실제로 6월 21일 하지에
막대를 꽂고 정오를 기다렸다.

그림자가 생겼다.
태양의 고도는 82.8도였다.

82.8°

왜 그럴까?

태양빛이 평행하다면, 지구가
평평한 것으로는 말이 되지 않는다.

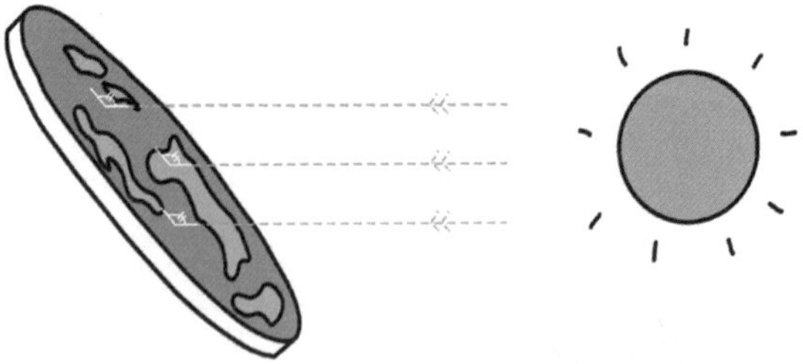

한 곳은 고도가 90도이고,
다른 한 곳은 82.8도인 이유를 설명해주지 못한다.

에라토스테네스는 지구가
둥글 거라고 생각했다.

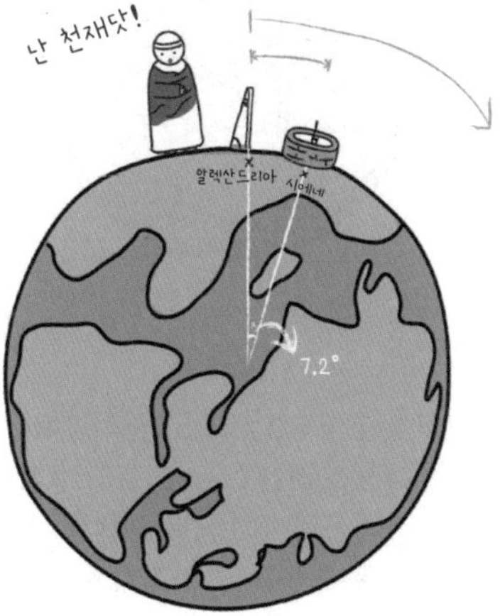

그리고 그는 알렉산드리아에서
시에네까지의 거리만 알면,
지구의 둘레를 계산할 수 있을 거라 생각했다.

사람을 시켜 시에네까지
걸어가게 한 다음 보폭으로
그 거리를 쟀는데,
대략 5000스타디아*
(900km)였다.

* 1스타디아 = 약 180m
(지역마다 길이가 조금씩 다름)

7.2도는 360도의 50분의 1이다.
이를 근거로 에라토스테네스는 지구의 둘레를 구했는데,
약 4만 5000km였다.
(실제로는 약 4만 km)

7.2° : 900km
↓
360° : 45,000km

"기원전 3세기에 이미
지구가 둥글다는 것과
지구의 둘레까지 계산했으니
대단하지."

"그런데 나라면
지구는 평평하고
태양빛이 평행하게
들어오지 않는 거라고
가정하고 계산했을지도 몰라.
그리고 태양과 지구의
거리를 구했겠지."

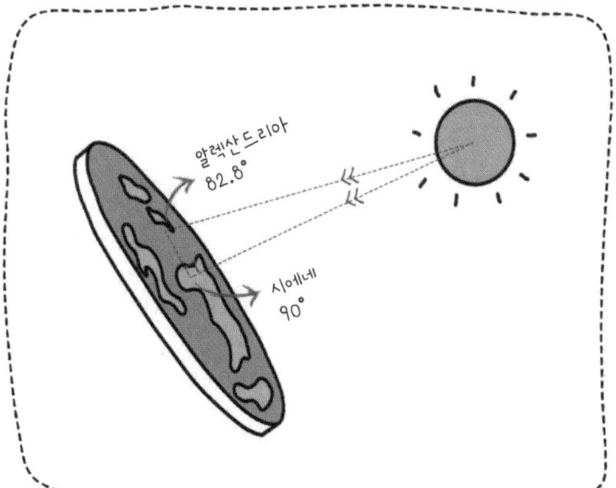

음. 그러면 당대에는 엄청난 천재로 여겨지다가 후대에 완전 바보로 알려졌겠다.

"응. 그런데, 그런 사람들이 많아.
너무 직관에만 의존하다가
터무니없는 결론에 도달한 사람들."

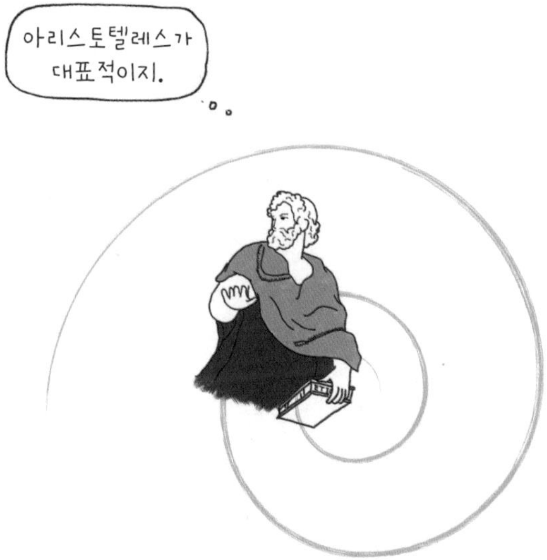
아리스토텔레스가
대표적이지.

6화 끝

7화

손으로 잰 우주의 크기

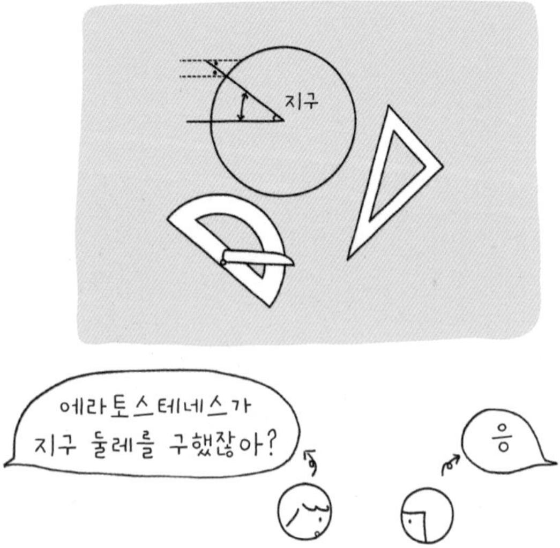
지구
에라토스테네스가 지구 둘레를 구했잖아?
응

그걸 활용해 달의 둘레,
지구에서 달까지의 거리,
태양의 둘레, 지구에서
태양까지의 거리도 구했어.
진짜?
어떻게?

그 전에,
에라토스테네스가 구한
지구의 둘레, 여기엔
여러 한계점들이 있어.
또냐 -ㅂ-

1. 각도의 오차

시에네가 정확히 90도가 아니거나 알렉산드리아가 정확히 82.8도가 아닐 수 있다.
알렉산드리아
시에네
7.2°

2. 거리 오차

시에네에서 알렉산드리아까지의 거리. 보폭으로 잰 것이라 불확실하다.
900km
알렉산드리아
시에네
7.2°

3. 위도 오차

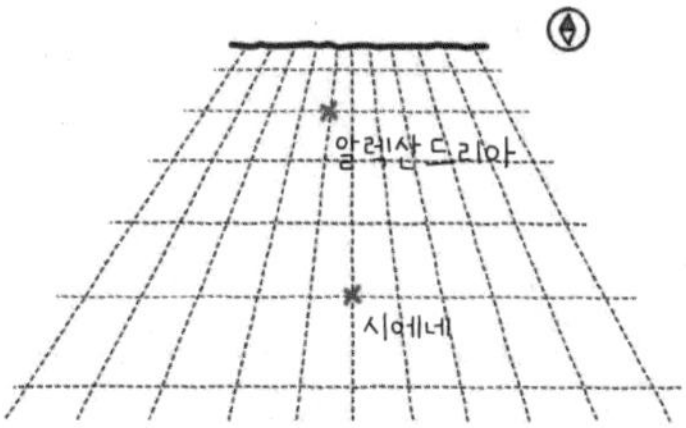

알렉산드리아가 시에네 정북에 있지 않다.
(동쪽이나 서쪽으로 가면 위도는 달라지지 않는다.)

"어쨌든 그는 과학적인 방법으로
지구의 둘레를 측정했어.
측량 기술이 발전한다면
그의 방법에 따라 지구의
둘레도 더 정확하게
측정할 수 있겠지."

달의 둘레는
어떻게 구한 거야?

원의 둘레를 알면 원의 지름을 알 수 있다.

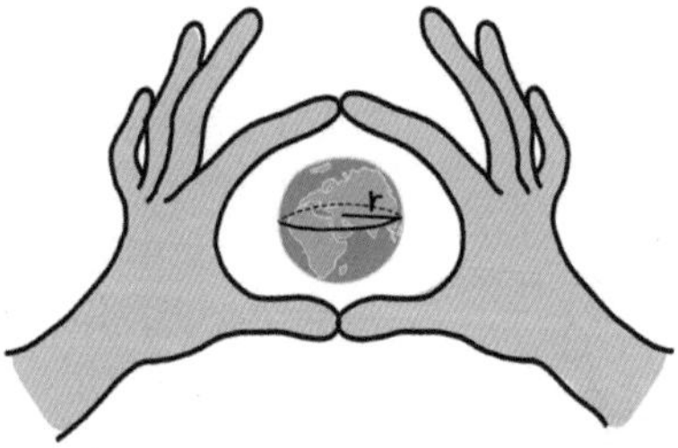
r

둘레 = 지름 × 원주율

40,000km

12,700km

3.141592..

지구의 둘레(40,000km)를
이용해 지구 지름을 구하면 약 12,700km.

에라토스테네스는 개기월식 때
달이 지구를 통과하는 시간을 측정했다.

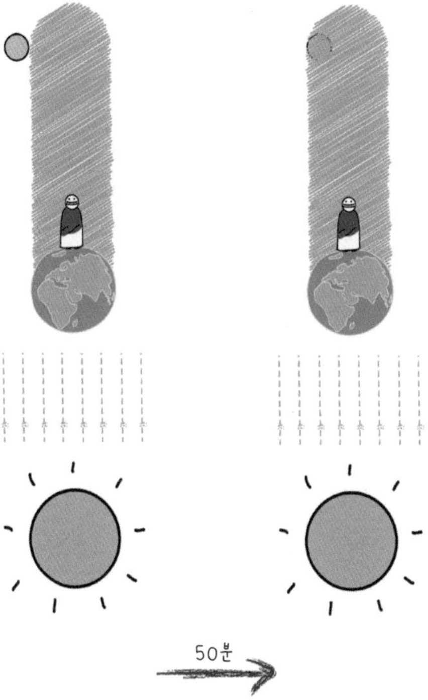

달이 달의 지름만큼 이동하는 데는
약 50분이 걸렸고,

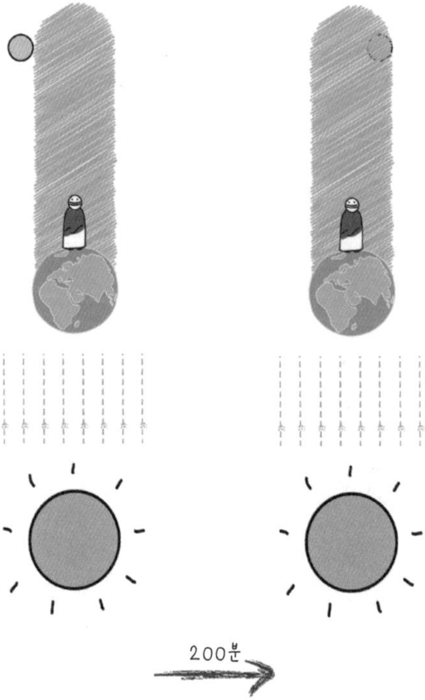
200분

지구의 지름만큼 이동하는 데는
200분이 걸렸다.

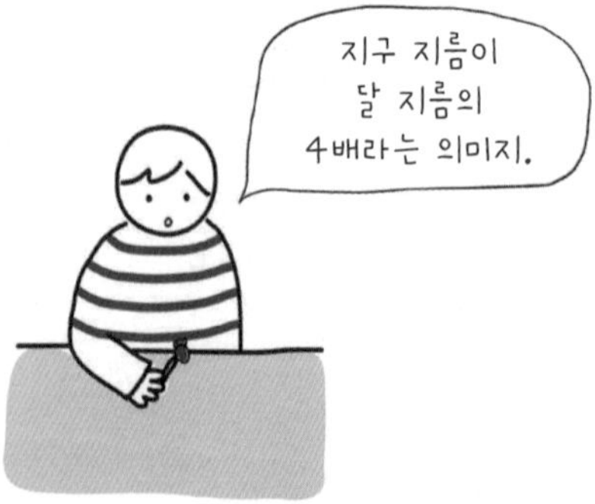
지구 지름이
달 지름의
4배라는 의미지.

그는 달의 지름을 구했다.
12,700km/4 = 약 3,200km

물론, 여기에도 시간 측정이 어렵고
지구의 그림자가
달까지 수직으로 비추지 않아서
오차가 발생할 여지들이 있긴 해.

그럼 달의 둘레도
알 수 있겠지?
둘레 = 지름 × π
아, 그럼
달까지의 거리는?

이걸로 구했어.
뭐? 엄지로?

에라토스테네스는 비례 관계를
이용해 달까지의 거리를 구했어.

손을 뻗어
손톱의 크기가
달의 크기와
비슷하게 보이게 해.

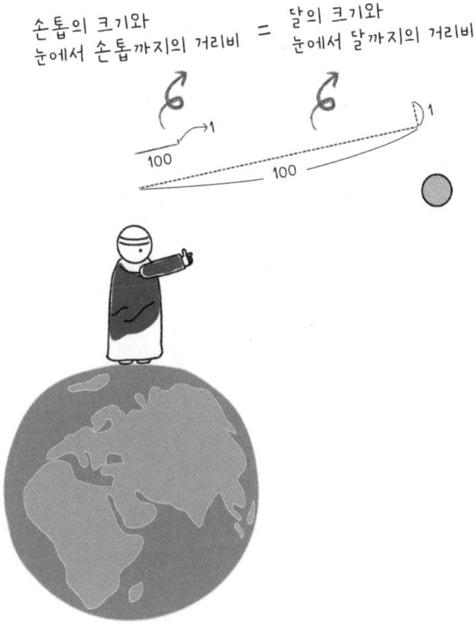
손톱의 크기와
눈에서 손톱까지의 거리비
=
달의 크기와
눈에서 달까지의 거리비
1
100
1
100

그렇게 하면 지구에서 달까지의 거리는
달 크기의 100배인 32만 km가 되지.

장난 아니다. 이거
우리도 다 배운 적 있는
기초적인 내용들인데.

"그 다음 태양까지의 거리.
그건 달이 반달일 때를 이용해서
구했어. 달이 반달일 때
태양과 지구, 달을 잇는
삼각형이 직각삼각형이 되거든."
뭐, 뭐라고?

음… 어디가
직각이지? 태양?
공간지각 능력 저하로
지도 잘 못 읽는 여자
머릿속으로 한번
그림을 그려봐.
'그림을 그리라'라고 하면
머릿속에 또렷이 펼쳐질 거라고
생각하는 남자

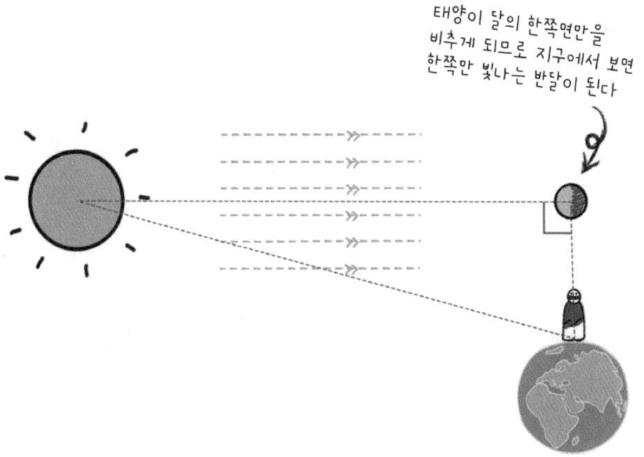
태양이 달의 한쪽면만을
비추게 되므로 지구에서 보면
한쪽만 빛나는 반달이 된다

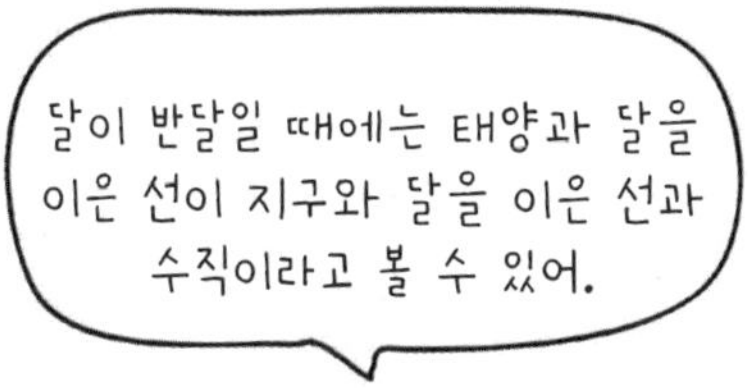
달이 반달일 때에는 태양과 달을
이은 선이 지구와 달을 이은 선과
수직이라고 볼 수 있어.

이때 지구 쪽의 각도를 측정하면 지구와 달까지의 거리를 이용해 지구와 태양까지의 거리를 알 수 있어.

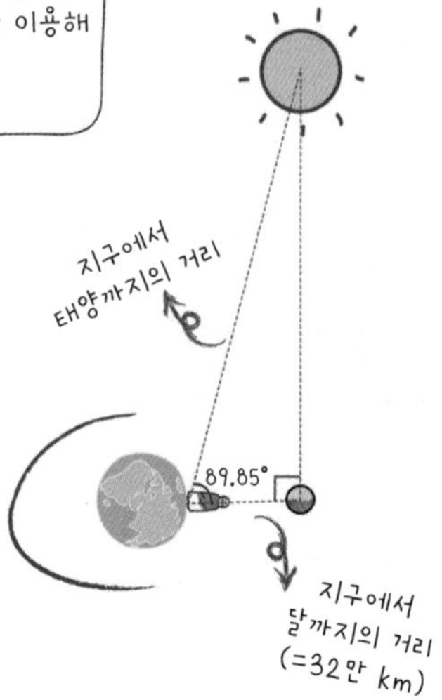

$$\cos 89.85° = \frac{\text{지구에서 달까지의 거리}}{\text{지구에서 태양까지의 거리}}$$

$$\text{지구에서 태양까지의 거리} = \text{지구에서 달까지의 거리} \times \frac{1}{\cos 89.85°}$$

$\fallingdotseq$ 382배

그 다음 태양의 지름은?
에라토스테네스
아저씨 진짜
대박이다!

다시 손톱을 이용하면 된다.

아니면 하늘에서 보이는
태양과 달의 크기가 비슷하니
이 둘을 비교해도 된다.

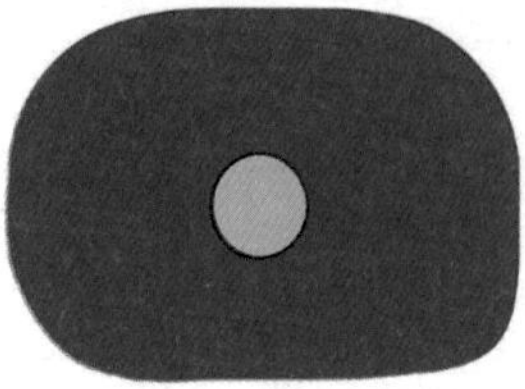

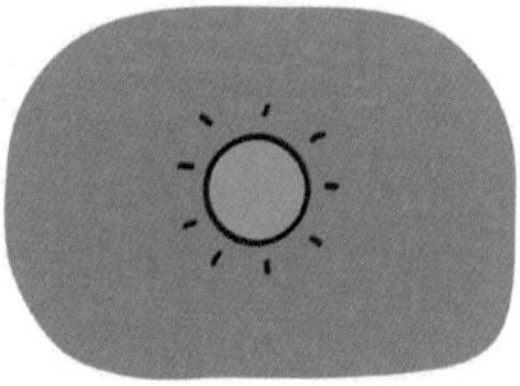

달의 지름 : 달까지의 거리 = 태양의 지름 : 태양까지의 거리

별다른 기술도 없던 시대에 저런 결과들을 낼 수 있었으니 대단하지.
엄청 똑똑하다!!
감탄
감탄

"그에 비해 아리스토텔레스는
너무 직관에만 의존했어."
그래?
그 아저씨도 꽤
똑똑하지 않았나?

말 수컷이 암컷보다 이빨이
많다고, 사람도 남자가 여자보다
이가 더 많다고 주장했어.
두 번이나 결혼했는데…
아내 입 한 번
들여다봤으면 알 것을…

아리스토텔레스에 대해
러셀은 이렇게 말했다.

"그가 누리는 명성에도 불구하고
허튼소리를 한가득 남겼다….
그런데도 대다수 철학자들은
아리스토텔레스를
절세의 현자로 여긴다."

버트런드 러셀
Bertrand Arthur William Russell
(1872~1970)

영국의 수학자이자 논리학자로
루트비히 비트겐슈타인과
함께 분석철학을 이끌었다.
수학을 이용해 논리학의 기틀을 마련했고,
화이트헤드와 함께 『수학 원리』를
저술했다. 반전 운동가로 활동했으며
1950년 노벨 문학상을 수상했다.

응? 노벨 문학상?
철학자 아니었어?

아리스토텔레스의 허튼 소리들

아이를 가지려면 반드시 바람이 북쪽에서 부는 겨울에 잉태해야 한다.

너무 이른 나이에 결혼을 하면 딸을 낳는다.

여성은 남성보다 피 색깔이 더 어둡다.

돼지는 유일하게 홍역에 걸리기 쉬운 동물이다.

불면증으로 괴로워하는 코끼리는 소금과 올리브 오일과 따뜻한 물로 어깨를 문질러줘야 한다.

여성은 남성보다 치아 개수가 더 적다.

러셀은 그의 『인기 없는 에세이』,
'지적 쓰레기들의 간략한 계보' 편에서
다음과 같이 말한다.

"만약 관찰을 통해
해결할 수 있는 문제라면,
당신 스스로 관찰하라.

그는 자기가 안다고 생각했기
때문에 그렇게 하지 않았다.
실제로는 모르면서 안다고
생각하는 것은 누구나
저지르기 쉬운 치명적인
실수이다."
Bertrand Russell
인기 없는 에세이
지적 쓰레기들의 간략한 계보

아리스토텔레스의 '헛소리'는
너무나 오랫동안 진리로 받아들여졌다.

코페르니쿠스, 갈릴레오로 이어지는 과학 혁명은
아리스토텔레스가 '모르면서 아는 척'한 것들을
실제로 관찰하면서 시작되었다.

7화 끝

8화

'회전'이 '혁명'이 되다

르네상스 화가 라파엘로가 그린
<아테네 학당>에는 시대가 다른
54명의 현자들이 모여 있다.

ⓒ 바티칸궁전 라파엘로의 방

고대 인문 철학의 거장들이다.

소크라테스는
사람들과 이야기하고 있고,

피타고라스는
칠판을 보면서
책을 쓰고 있다.

프톨레마이오스는
지구의를 들고 있고

차라투스트라*는
천구의를 들고 있다.

* 조로아스터교의 창시자,
철학자 니체가 쓴 책,
『차라투스트라는 이렇게 말했다』의
'차라투스트라'이다.

그들 옆에서 허리를
숙이고 밀랍 판에
컴퍼스를 사용해
도형을 그리는 사람은
유클리드 기하학으로
유명한 유클리드다.

그리고 이 쟁쟁한 인물들 사이에 두 명의
현자가 걸어온다. 왼쪽 노인은 플라톤이고,
오른쪽 장년은 그의 제자 아리스토텔레스다.

라파엘로가 존경한
레오나르도 다빈치의
얼굴을 그렸다고 함
플라톤
아리스토텔레스

플라톤은 왼손으로는 그의
우주론을 담은 『티마이오스』를 들고
오른손으로는
하늘(이데아)을 가리킨다.

반면 아리스토텔레스는 왼손으로
『니코마코스 윤리학』을 들고
오른손으로는 땅을 가리킨다.

<등장인물 총정리>

아리스토텔레스는 플라톤이 하늘 위로
올려버린 철학을 땅으로 끌어내렸다.

그는 앎을 추구했다.
그러나 그의 방법은
엄밀하지 못했고, 지나치게
직관에 의존했다.

아리스토텔레스는 말했다.

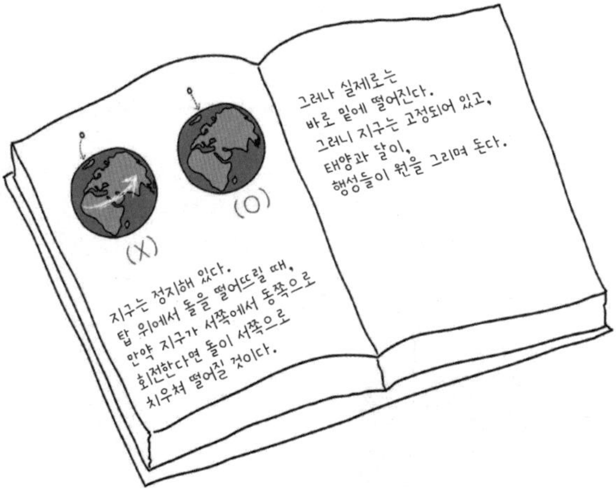
(X)
(O)
지구는 정지해 있다.
탑 위에서 돌을 떨어뜨릴 때,
만약 지구가 서쪽에서 동쪽으로
회전한다면 돌이 서쪽으로
치우쳐 떨어질 것이다.
그러나 실제로는
바로 밑에 떨어진다.
그러니 지구는 고정되어 있고,
태양과 달이,
행성들이 원을 그리며 돈다.

클라우디오스 프톨레마이오스
Claudius Ptolemaeus
(100년경~170년경)

프톨레마이오스는
이를 보다 정교하게
발전시켜 우주 모형을
만들어냈다.

그것은 1000년 넘게
서양의 우주관을 지배했다.

당시에는 천문학이랑 점성술이 딱히 구별되지 않았대. 프톨레마이오스는 점성술 책을 쓰기도 했고.

PTOLEMY
TETRABIBLOS
토성이 동쪽에 있을 때 태어난 아이들은 그 피부가 거무스름하고, 몸집이 제법 건장하고, 검은 머리털에 고수머리이고, 가슴에 털이 많으며, 중간 정도의 눈과 어중간한 키에, 수기(물의 기운)와 냉기가 과한 체질이다.

대단한 예언자 나셨네. 유전자도 압도하는 토성의 힘!

니콜라우스 코페르니쿠스가
행성 운동의 중심이 태양이라는 내용을 담은
『천구의 회전에 대하여』를 발간한 것은
1543년이었다.

험한 꼴을 당하느니
인세 정도는
포기하겠어.

코페르니쿠스는 이 책을
1530년에 완성했지만,
천문학자들과 성직자들의
반발을 우려해 발간을 보류했다.
책은 그가 죽기 직전에 발간됐다.
그는 수십 년 뒤에
벌어질 혼란을
지켜보지 못했다.

책이 출간된 뒤에도 1600년까지
코페르니쿠스의 이론을 받아들인 과학자는
10여 명에 불과했다.

1616년이 되어서야 가톨릭교회는
이 책을 금서 목록에 포함시켰다.

코페르니쿠스?
그자야 뭐 벼락 출세한
점성술사에 불과하지.

마르틴 루터
Martin Luther
(1483~1546)

독일의 종교 개혁가로
1517년 로마 가톨릭에 반대하여 가장 먼저
개신교 중 하나인 루터교를 설립했다.
'오직 성서만으로, 오직 믿음만으로, 오직 은혜만으로'라는
세 가지 원리를 강조했다.

"그것은 마치 움직이는 배나 마차에 타고 있는 사람이
자신은 정지해 있고 땅과 나무 같은 나머지 것들이
움직이고 있다고 주장하는 것이나 마찬가지다."

"코페르니쿠스 이 바보가 천문학이라는
과학을 통째로 뒤엎어놓으려 한다.
그러나 성서에 분명히 쓰여 있듯이,
여호수아가 멈춰라 하고 명한 것은
태양이지 지구가 아니다."

코페르니쿠스의 연구는
당시에는 받아들여지지 않았지만,

요하네스 케플러와

갈릴레오 갈릴레이로
이어져

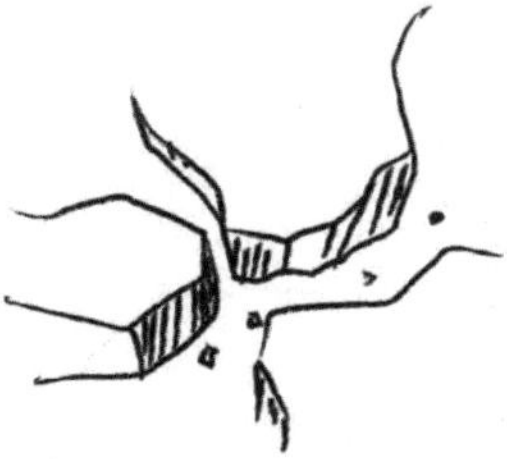

결국, 패러다임을 전복시킨다.

혁명이다.

revolution이라는
단어의 '혁명'이라는 뜻은,
코페르니쿠스가 쓴 책
『천구의 회전에 대하여』의
회전(revolution)에서
유래했대.
오 진짜?

'코페르니쿠스의 회전'이
굉장히 혁명적인 책이어서,
'회전'이 아예 혁명이란
의미를 갖게 되었나 보네?

폴란드 토루뉴(그의 고향)에 있는
코페르니쿠스 동상

코페르니쿠스가 죽고 200년 뒤에 태어난 괴테는
코페르니쿠스에 다음과 같이 찬사를 보냈다.

모든 발견과 견해 중에서 코페르니쿠스의 학설만큼 인간 정신에 큰 영향력을 행사한 경우는 다시 없을 것이다.

요한 볼프강 폰 괴테
Johann Wolfgang von Goethe
(1749~1832)

8화 끝

9화

갈릴레오의 사고실험

코페르니쿠스의 태양 중심 모델이
받아들여지기까지는
코페르니쿠스의 책이 출간된 이후에도
한 세기가 넘는 시간이 걸렸다.

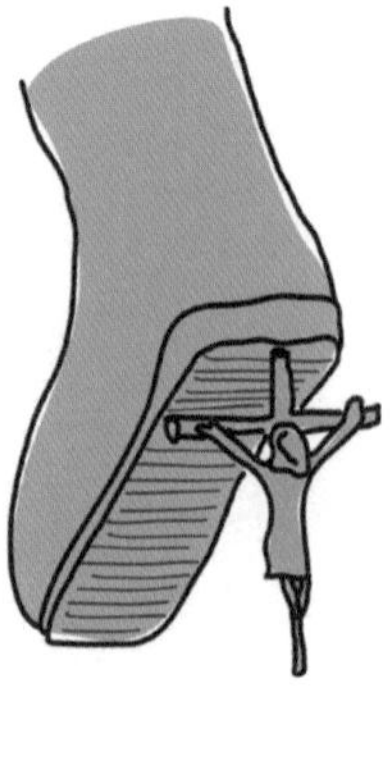

신학자들은
태양 중심 학설을
신성모독이라 여겼다.

인내심이 한계에 다다른 교회는
코페르니쿠스의 체계를 받아들이고,
다른 행성에도 생명체가 있다고 주장한
조르다노 브루노(Giordano Bruno)를
처형하는 히스테리를 보여주었다.

갈릴레오는
1633년 종교재판까지 받으며
평생 가택 연금을 당했다.

아인슈타인이
'근대 물리학의 아버지이며,
실제로는 근대 과학의 창시자'라고 부른 갈릴레오

아인슈타인 자신은
물리학의 황제쯤?

갈릴레오 갈릴레이
Galileo Galilei
(1564~1642)

그를 이야기하기 위해서는
아리스토텔레스를 빼놓을 수 없다.

아리스토텔레스는
말했다.

"무거운 것이
가벼운 것보다
먼저 떨어진다."

아리스토텔레스
(또 등장)
왜 나만 갖고
그래…

갈릴레오는 말했다.

"아니다. 무거운 것과
가벼운 것은 동시에 떨어진다."

난 사실 어렸을 때
못 믿었어.
진짜?

"응, 그때 학생들
대부분이 무거운 게
먼저 떨어진다고 했어.
그런데 갈릴레오의
사고실험을 들으니
반박할 수 없겠더라고.
실제 실험보다도
더 설득력 있었어."

갈릴레오의 유명한
사고실험은 그의 마지막 책
『두 새로운 과학에 대한 대화』에
나온다.

이 책에는 세 명의 인물이
등장한다.

살비아티

살비아티는
공부를 많이 한
지적인 사람이고
태양 중심 모델을
주장한다.

갈릴레오
자신이네!

심플리치오는
지구 중심 모델을
고수하려
애쓰는 사람이다.

심플리치오

세그레도

세그레도는 두 인물 간의
대화를 이끄는 역할을
맡고 있지만
종종 심플리치오를
조롱한다.

갈릴레오는
코페르니쿠스나 케플러의
재미없는 책과 달리, 대화를 통해
주장과 반론을 펼치는 구성으로
사람들의 흥미를 불러일으켰다.

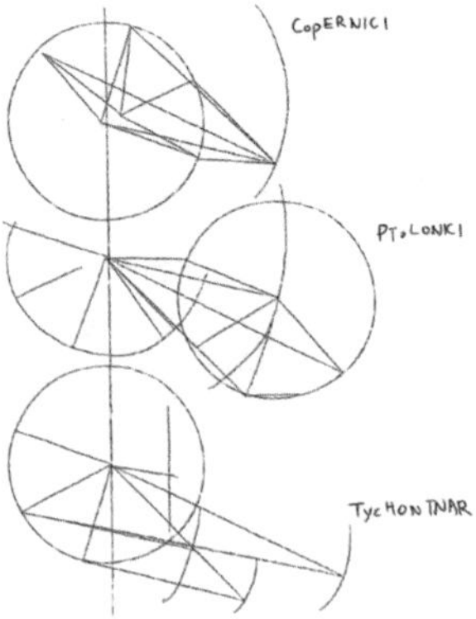

요하네스 케플러 @Kepler

만일 이 책의 계산들이 지겹게 생각된다면
엄청난 시간 동안 적어도 70번은 반복해서
계산해야 했던 나를 생각해주기 바란다.
#신천문학 #변명

라틴어가 아닌, 대중이 아는
이탈리아어로 썼다는 것도 한몫했다.

그러나 이 책이
교황의 마음에는 들지 않았던 것 같다.

전능한 신은 물리학 법칙을 고려하지 않고 우주를 창조했다.
'심플리치오라는 저 광대가 한 말 내가 한 적 있는 거 같은데?!'
당시 교황 우르바노 8세

게다가 살비아티는 이에 대해 이렇게 빈정댔다.

아무 곳에나 하나님을 끌어다 붙이는 것은 당신 자신의 무지를 가리는 것밖에 되지 않는다.
완전히 갈릴레오 빙의잖아? 교황이 바보도 아니고. 화날 만하네.

1633년 종교재판소는 '강력한 이단 혐의'라는
죄목으로 갈릴레오를 법정에 세웠다.

갈릴레오는 무기한 가택연금형을 선고받았고,
『두 새로운 과학에 대한 대화』는
금서 목록에 추가되었다.

우르바노 8세 교황이 갈릴레오랑 친구였대. 둘 다 피렌체에서 태어나고, 피사에서 같은 대학을 다니고.
그래서 죽이진 않았구나? 그땐 그게 죽을 죄였잖아.

어라?
지나치게 긍정적인데?

1992년 10월,
로마 가톨릭교회는 중대 발표를 했다.
교황 요한 바오로 2세는
갈릴레오에게 내린 유죄 판결에 사과하고,
그를 사면했다.

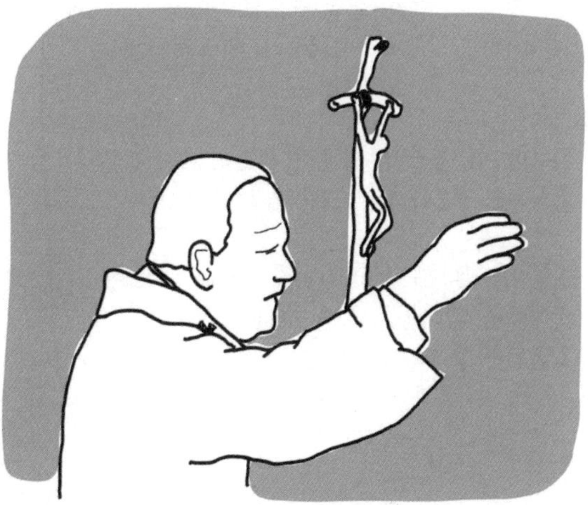

그가 죽은 지 350년 만의 일이었다.

9화 끝

10화

갈릴레오의 두 실험

살비아티

내 생각이 옳다면,
큰 돌이 8의 속력으로 움직이고
작은 돌의 속력은 4라 하세.

이 둘을 묶으면 전체의
속력이 8보다 더 느려지게
되겠지.

하지만 두 돌을 하나로 합쳤으니 속력 8로
움직이던 것보다 더 무거운 돌이 되겠지?

그렇다면 무거운 것이 가벼운 것보다 더 느리게
움직이는 셈이군. 그것은 자네 가정과
모순되는 결과가 아닌가?

다시 한 번 살펴볼까?

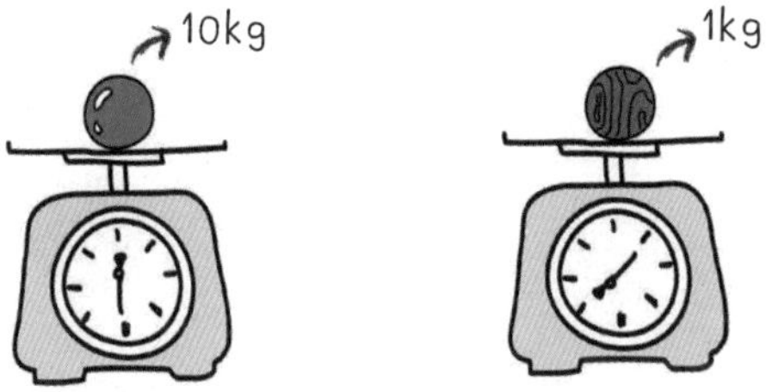

쇠공과 나무공이 있다고 하자.
쇠공이 나무공보다 열 배 무겁다.

쇠공과 나무공을 줄로 연결하고
떨어뜨리면 어떻게 될까?

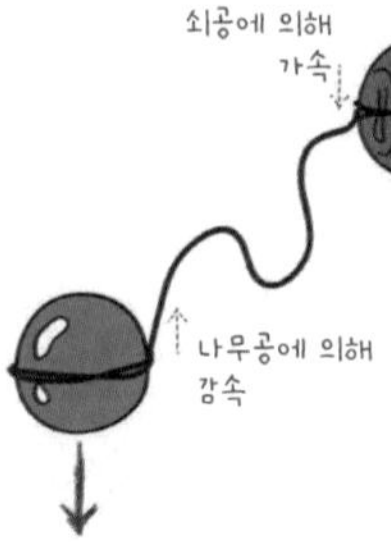

빨리 떨어지려는 쇠공을
천천히 떨어지고 있는
나무공이 막는다.

쇠공은 느려지고,
나무공은 빨라진다.

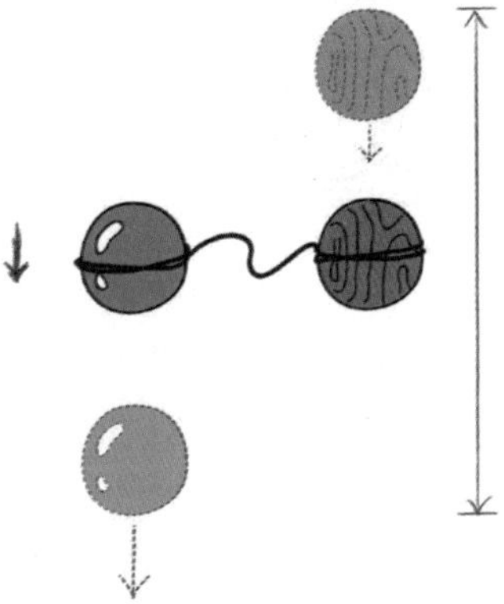

그 결과 두 공은
쇠공과 나무공의
중간 속력으로
떨어질 것이다.

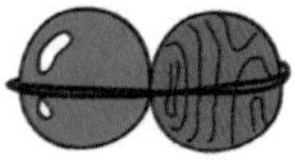

한편,
줄로 묶은 쇠공과
나무공을 하나의
물체라 생각하면,

이는 쇠공보다 1.1배
무거운 공이 된다.

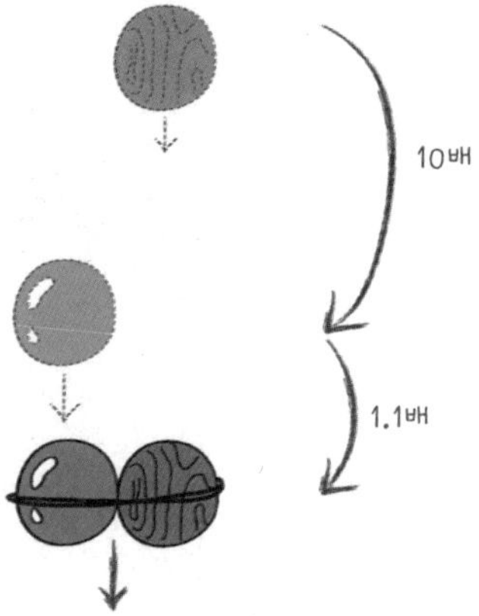

그러므로 이 공은 쇠공보다
1.1배 빨리 떨어질 것이다.

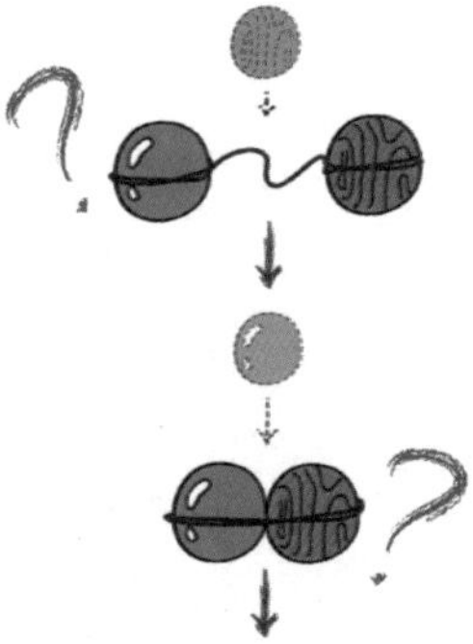

시작은 하나인데, 결과는 두 가지다.
두 결과는 모순된다. 시작부터 잘못된 것이다.

갈릴레오는 '사고'만으로
아리스토텔레스가 주장한
논리의 허점을 짚었다.
대단하다.

"왜 갈릴레오가
쉘든 놀이 하고 있는 거임?"

뭐가?
늦어,
너무 늦어.

이래 가지고
언제 트렌디한
현대 과학을
얘기하겠어.
그래? 알았어.
빛의 속도로
넘어가겠어.
썰렁해

갈릴레오는...
넘어간다며?
응. '빛의 속도'에 대해 이야기한다니까.
썰렁하다고.
"갈릴레오는 빛의 속도를 측정하려고 했던 최초의 인물이었어. 빛이 얼마나 중요한지 알지? 빛을 탐구하면서부터 현대 과학이 시작되었다 해도 과언이 아니지."
늬예~ 늬예

빛은 속도가 있을까?
무한히 빠를까?
아니면
유한한 속도일까?

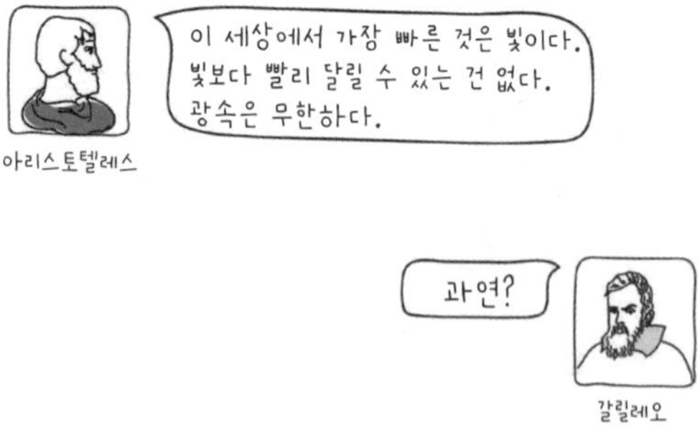
이 세상에서 가장 빠른 것은 빛이다.
빛보다 빨리 달릴 수 있는 건 없다.
광속은 무한하다.
아리스토텔레스
과연?
갈릴레오

그리스 수학자, 헤론(10~70)도 있다.

밤하늘을 바라본다.
별들이 있다.
별은 엄청나게 멀다.

눈을 감는다.
별이 보이지 않는다.

눈꺼풀을 들어 올린다.
들어 올리는 순간 바로 별이
보인다. 광속은 무한하다.

푸하하하핫
바보 아냐?

"사실 이건 이 사람이 유클리드와
프톨레마이오스의 견해를 따라서 그래.
그들은 물체에서 빛이 오는 게 아니라
눈으로부터 빛이 나가 물체를
볼 수 있는 거라 주장했거든."

로저 베이컨 @Bacon

빛의 속도는 유한하지 않다.
#찍은답

요하네스 케플러 @Kepler

나는 빛의 속도가 유한하다고 믿는다.
#나는_찍어도_잘_안틀린다

르네 데카르트 @Descartes

만약 빛의 속도가 유한하다면,
태양, 지구, 달이 일식 때 일렬에서 벗어날 것이다.
#그럴싸하게_들리는_말

르네 데카르트 @Descartes

빛의 속도가 유한하다면,
나의 철학 전체가 붕괴될 것이다.
#저런

1638년 갈릴레오는
당시 가택연금형에 처해 있었고,
나이가 들어
실험할 기력도 없었다.

대신 학술회 회원들이
실험을 추진하기로 했다.

실험 방법은 간단했다. 여름날 저녁,
두 사람이 약 1.6km 떨어진
언덕 위에 올라가 랜턴을 들고 선다.

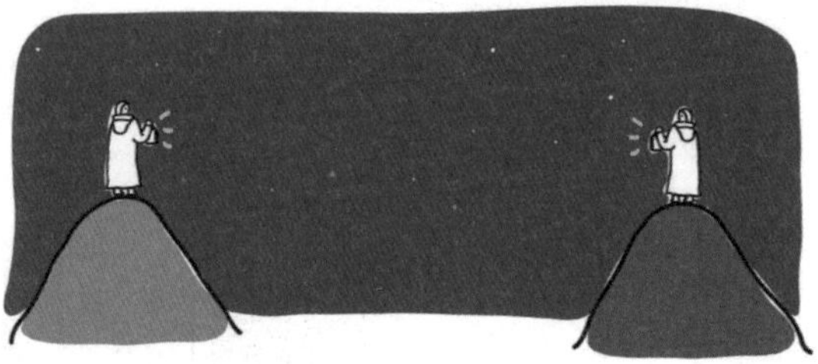

"랜턴?"

"나무 상자 안에 초롱불을 담아놓은 거야.
가리개를 열면 초롱불이 보일 수 있도록 했어."

상대편의 빛을 보는 순간
자기가 들고 있는
랜턴 가리개를 열어
빛을 보낸다.

이 과정을 반복하면서 빛이 골짜기를
통과하는 데 걸리는 시간을 측정한다.

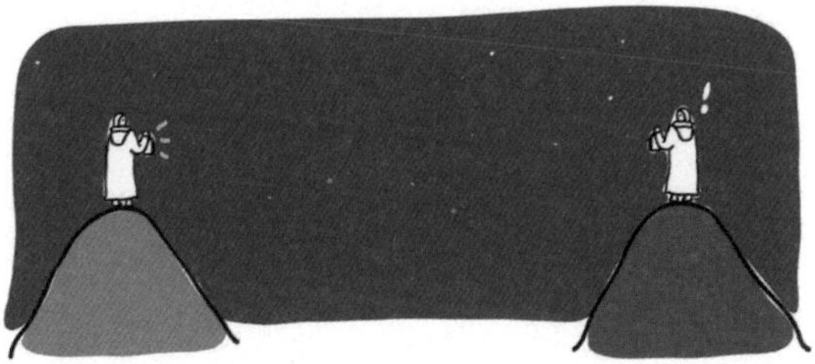

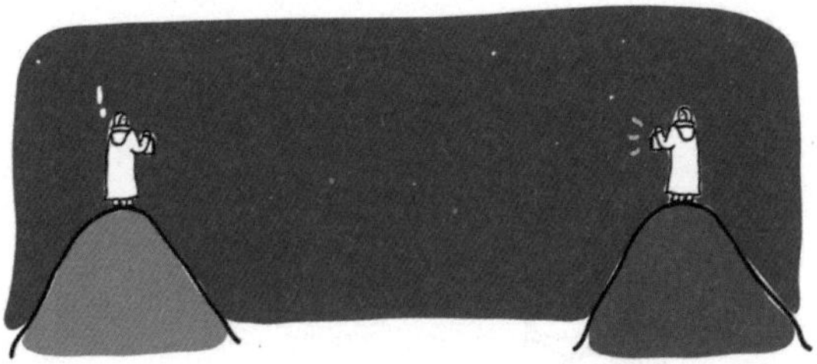

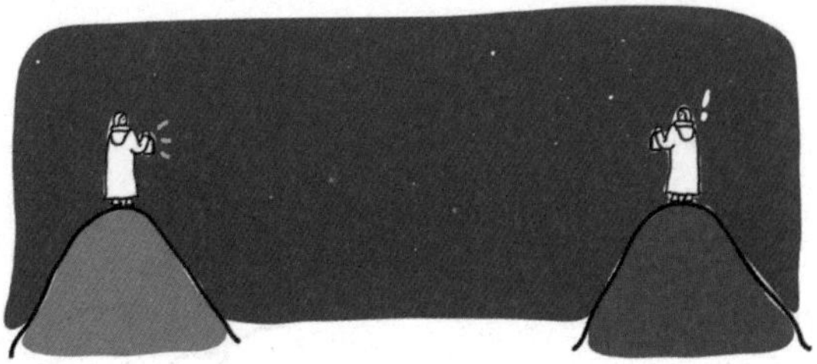

우리가 알고 있다시피,

속력 = 거리/시간

1.6km

두 봉우리 사이의 거리를 알고 있으니,
빛이 도달하는 시간만 공식에 넣으면 된다.

이 과정을 반복하면서 빛이 골짜기를
통과하는 데 걸리는 시간을 측정한다.

가리개를 들어 올리는 데
시간 걸리고,

반대쪽에서 빛을 보고
반응해 다시 가리개를
들어 올리는 데 시간 걸리고…

게다가 당시에는
정밀하게 시간을
측정하는 것도 어려웠다.

실험은 실패했다.
빛이 너무 빨랐다.

갈릴레오는
빛이 얼마나
빠른지
알지 못했다.

빛의 속도가
초속 30만 km지?

"응. 1초에 지구를 7바퀴 반 도는 속도.
0.1초만 해도 지구의 절반을 넘게 도니,
지금 보면 터무니없는 실험이긴 했지."

그럼 빛의 속도는
어떻게 잰 거야?

10화 끝

Scienstagram

갈릴레오

♡ 좋아요 9.8k개

갈릴레오 후훗!
#각도맞추는거생각보다어려움

↳ **넬리** 오오, 교수님 여기에서 낙하 실험 하시려고요?

↳ **갈릴레오** 낙하 실험? 그게 뭐임?

↳ **넬리** 가벼운 공이랑 무거운 공이랑 떨어뜨린 그 유명한 실험이요.

↳ **갈릴레오** 올라. 난 한 적 없는데.
#낙하실험지어낸사람누구야 #좀고맙네

아리스토텔레스 직접 실험한 것도 아니면서 내 이론이 틀렸다고 하다니
#너좀많이싫다

↳ **갈릴레오** -ㅂ-;;
#그러길래_뭘그리많이주장해

코페르니쿠스 사진이 멋지게 나왔군!
#사람들이우리둘을많이엮던데

↳ **갈릴레오** 존경하는 코페르니쿠스 선생님 안녕하세요!
#자세한얘기는저세상에서

MATH TEST
A. Einstein
F

3부

빛을 쫓아서

11화

빛의 속도

올레 크리스텐센 뢰머
Ole Christensen Rømer
(1644~1710)

처음으로 빛의 속도를 측정한 사람은 덴마크 천문학자, 뢰머였다.

코펜하겐에 있는 우라니보르그 천문대에서 일하던 뢰머는

1672년 파리로 초청되었고 그곳에서 연구를 수행했다.

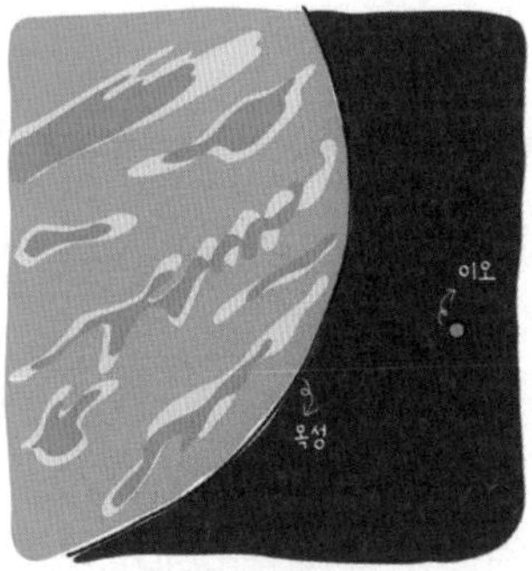

그는 목성의 위성 이오를 관찰했다.

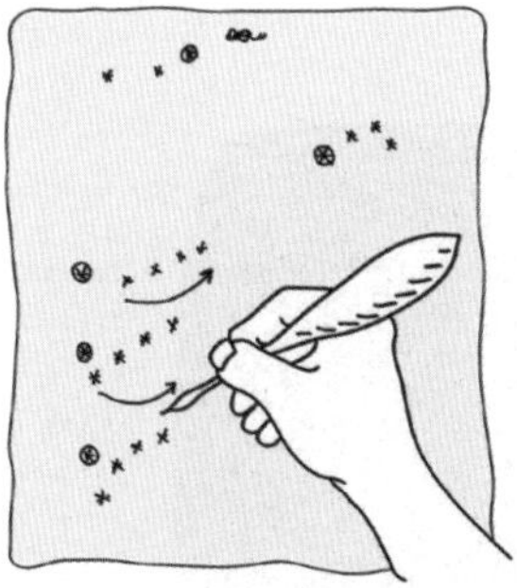

이오는 갈릴레오가
망원경을 이용해 발견한 위성 중 하나이다.

달이 지구를 돌듯, 이오는 목성을 돈다.

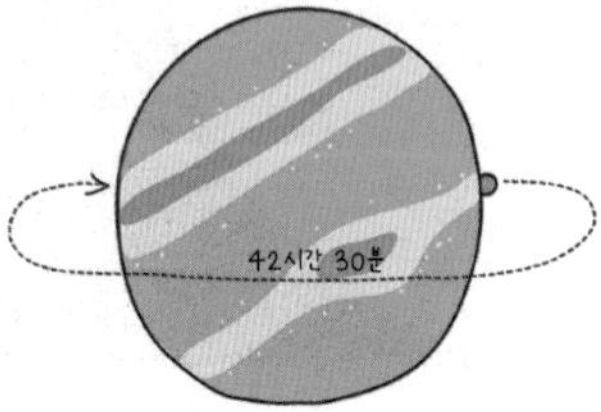

목성 뒤로 숨은 이오가 나타나
다시 사라지기까지의 시간은
약 42시간 30분. 이오의 공전주기였다.

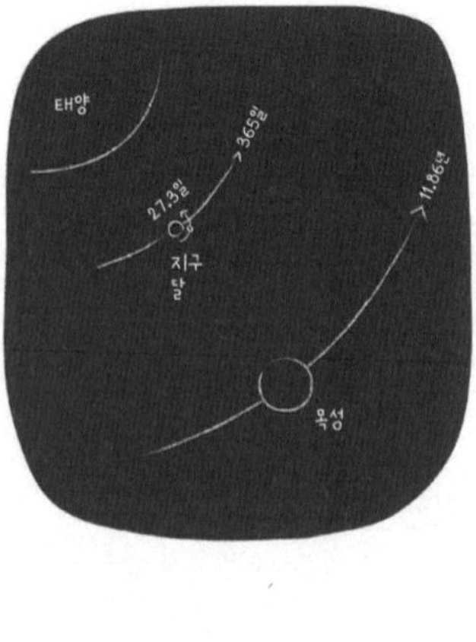

달이 지구를 한 바퀴 도는 데
걸리는 시간 27.3일

지구가 태양을 한 바퀴 도는 데
걸리는 시간 365일

목성이 태양을 한 바퀴 도는 데
걸리는 시간 11.86년

그런데 이오의 공전주기는 일정치 않았다.

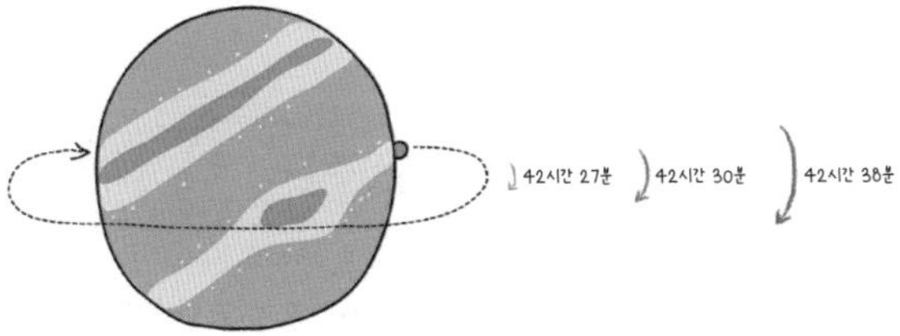

어떤 때는 조금 빨랐고, 어떤 때는 조금 늦었다.

대부분의 사람들은 이오가
불규칙하게 움직인다고 생각했다.

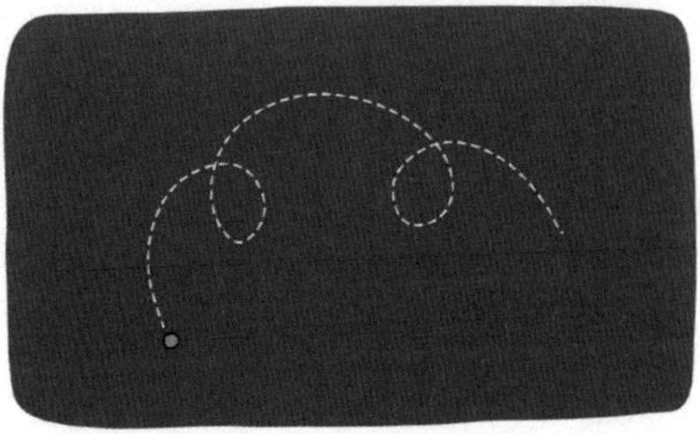

이오가 비틀거리며 궤도를 돌고 있어…
목성 주변에 구름 같은 뭔가가 있는 거 같지 않아?
그 구름이 이오의 움직임을 막는 거 아닐까?
정말, 이오가 불규칙한 속력으로 공전하는 걸까?
뢰머는 다르게 생각했다.

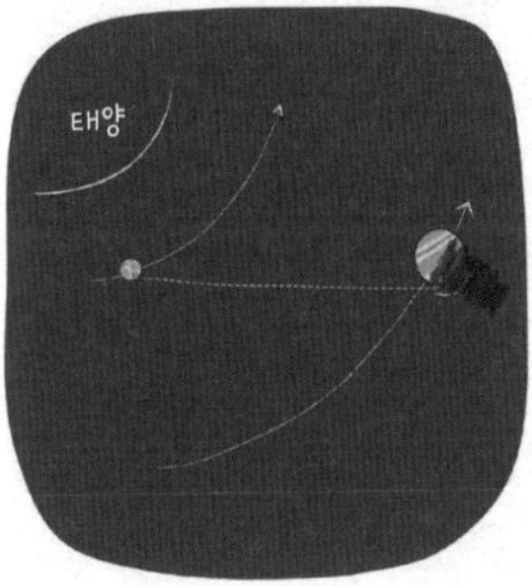
태양

태양을 공전하는
지구가 목성에서
멀어질 때는
이오의 공전주기가
길어지다가

지구가 목성으로
가까워질 때는
이오의 공전주기가
짧아졌다.

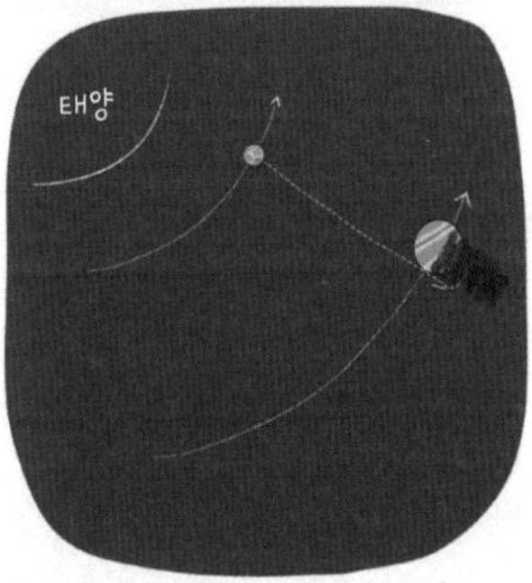
태양

문제는 이오가 아니라, 바로 지구인 것은 아닐까?
태양

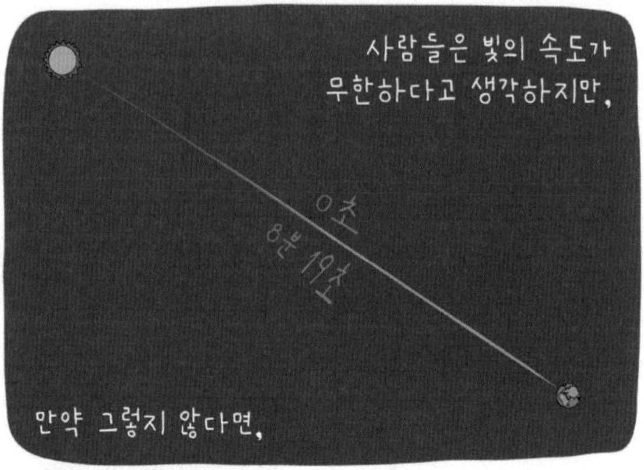

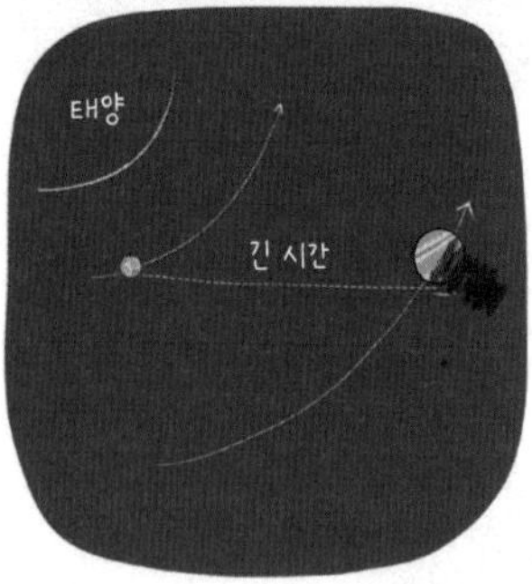

빛이 달려오는 시간에
차이가 일어나

공전주기가
달라 보이는 게
아닐까?

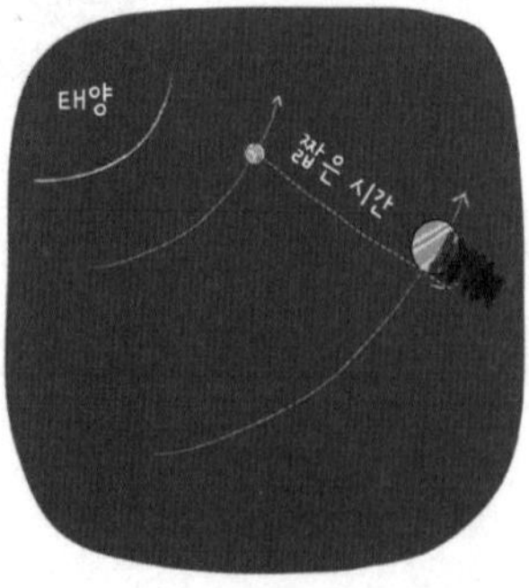

지구가 목성에 가까울 때보다,
지구가 태양 건너편에 있어
목성과 거리가 멀 때

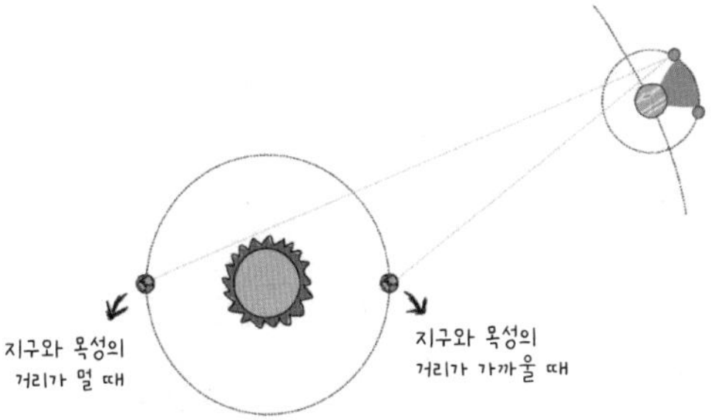

빛이 더 달려오는 시간만큼
관측 시간 차이가
발생하는 것은 아닐까?

뢰머는 3년 동안 이를 연구했다.

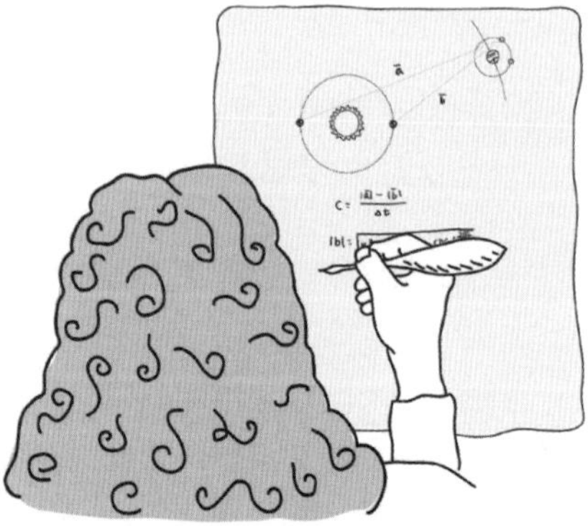

시간 차이와 지구의 공전에 따른
목성과의 거리 차이를 이용해
빛의 속도를 계산했다.

"목성도 지구보다는 느리지만
공전하기 때문에 실제로는
엄청 복잡하다고!"

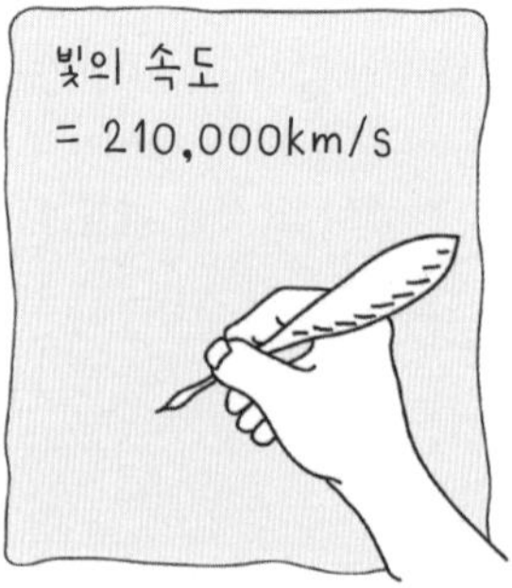
빛의 속도
= 210,000km/s

1676년, 뉴턴이 『프린키피아』를
발간하기 11년 전이었다.

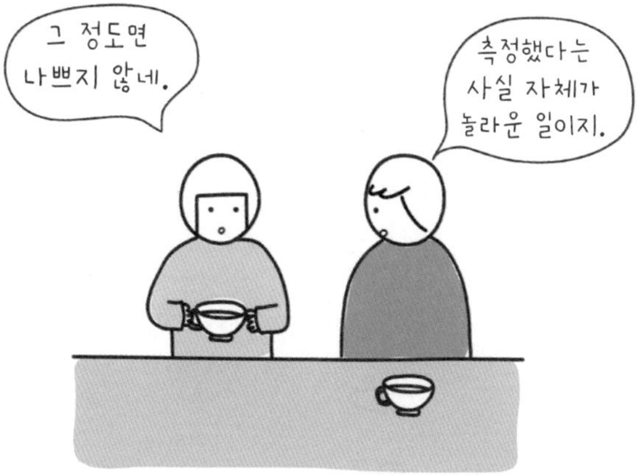
그 정도면
나쁘지 않네.
측정했다는
사실 자체가
놀라운 일이지.

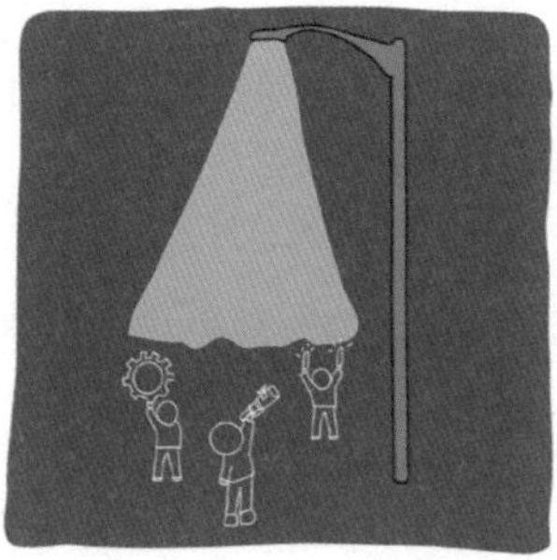

그 후 많은 사람들이 다양한 방법으로
빛의 속도를 측정했다.

이폴리트 피조 @Fizeau

빛의 속도는 초속 314,000km
#1849

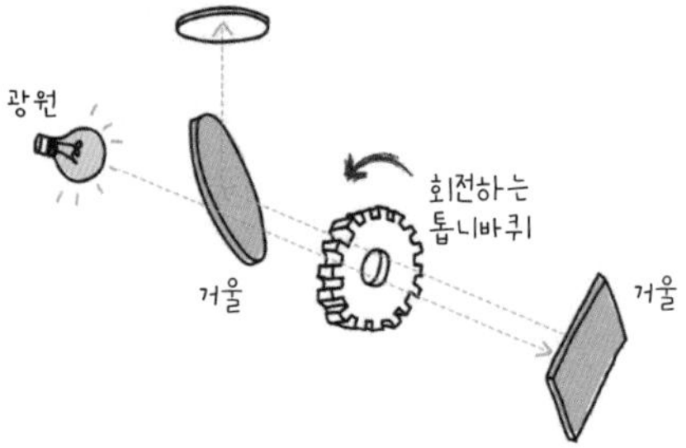

"톱니바퀴 한 칸이 움직일 때만큼의
시간 동안 빛이 이동한 거리를
측정해 빛의 속도를 구하는 원리야."

"그런 걸 알다니 멋진데."

레옹 푸코 @Foucault

빛의 속도는 초속 298,000km
#1869

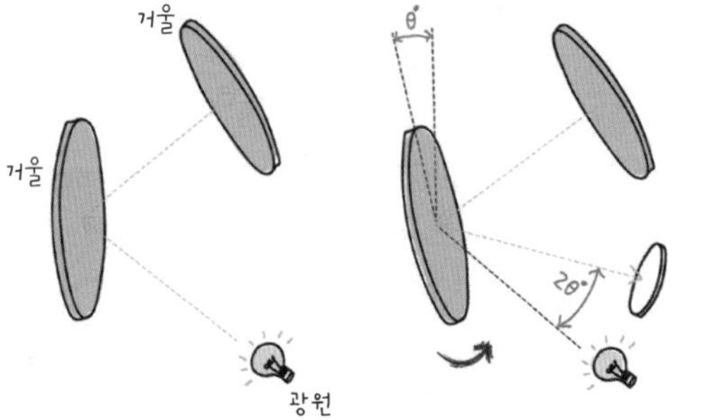

"빛이 반사되는 거울을 요만큼 회전시키면 빛을 감지하는 쪽에서는 요만큼의 두 배만큼의 각도차가 발생한다는 원리를 이용한 거군."

"음, 정말 다 이해하고 얘기하는 거?"

앨버트 마이컬슨과 에드워드 몰리 @Michelson & Morley

빛의 속도는 초속 299,798km
#1879

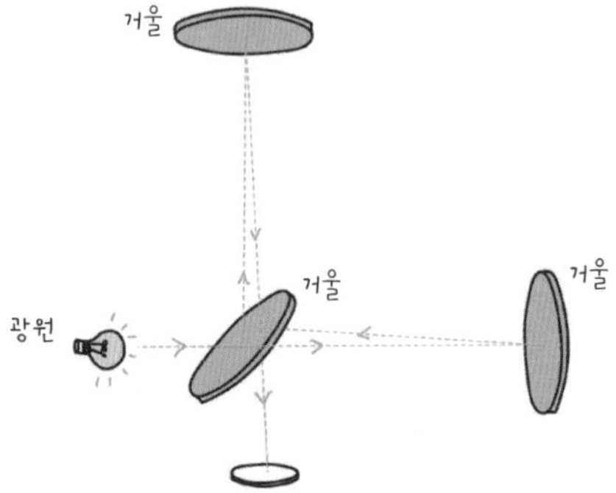

"빛이 요렇게 저렇게 이동해서 조렇게 들어오는 데까지 걸리는 시간을 측정해서 그동안 빛이 요래 조래 이동하 난두아하우랄…."

"뭐, 뭐라고?"

"뭐, 암튼 이 실험으로 빛의 속도를 구했대!"

이를 실측이 아니라
이론으로 증명한 사람이 있다.

제임스 클러크 맥스웰
James Clerk Maxwell
(1831~1879)

영국의 물리학자.
(무려) 아인슈타인이
제일 존경하는 학자.

아, 데카르트를
기억하시는지.

르네 데카르트 @Descartes

만약 빛의 속도가 유한하다면,
태양, 지구, 달이 일식 때 일렬에서 벗어날 것이다.
#그럴싸하게_들리는_말

르네 데카르트 @Descartes

만약 빛의 속도가 유한하다면,
나의 철학 전체가 붕괴될 것이다.
#저런

르네 데카르트 @Descartes

나의 철학은 붕괴했다. ㅠㅠ
#그러게요

11화 끝

12화

빛의 이중생활

현대 물리학은 빛을 연구하면서부터 시작되었다고 해도 과언이 아니다.
빛이란 무엇인가?
빛의 속도는 유한한가? 무한한가?
빛은 파동인가? 입자인가?
파동이라면 빛의 매질은 무엇인가?

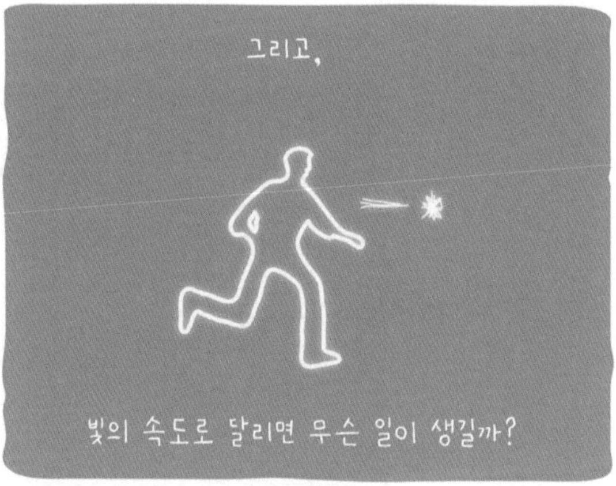
그리고,
빛의 속도로 달리면 무슨 일이 생길까?

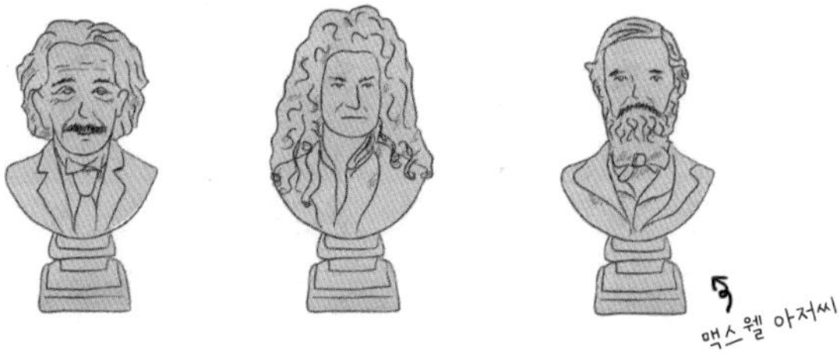
맥스웰 아저씨

맥스웰은 아인슈타인과
뉴턴에 비견되는 과학자이다.

2000년도를 기념하여
영국 BBC에서 조사한
가장 큰 업적을 남긴
물리학자 100명 가운데
3위를 차지했다.

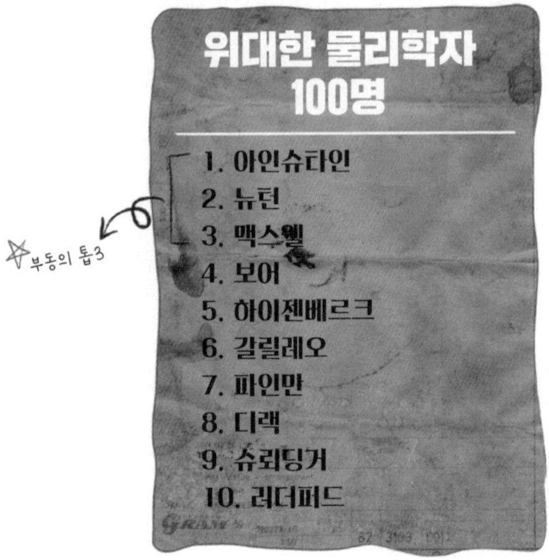

그러나 사람들에게는 많이 알려지지 않았다.

당시 전기력과 자기력은
각각의 이론에 의해
부분적으로 기술되고 있었다.

맥스웰은
전기력과 자기력이라는
두 힘을 하나로 통합했다.

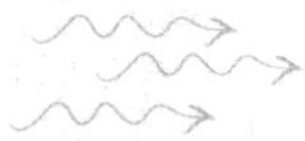

맥스웰 이전까지는 빛이 파장인지,
입자인지에 대해 논란이 많았다.

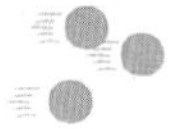

하위헌스*는 빛이 파동이라 주장했고
뉴턴은 빛이 입자라 주장했다.

*크리스티안 하위헌스
Christiaan Huygens
(1629~1695)
네덜란드의 수학자이자 물리학자, 천문학자.

그러던 것이 마이클 패러데이에 의해
전기와 자기 현상이 별개가 아닌 것으로 밝혀지고
맥스웰은 그의 수학적인 재능을 이용해
전기력과 자기력을 통합하는 방정식을 만들어냈다.

전자기력이었다.
그리고 빛은 전자기파,
즉 파장인 것으로 일단락되었다.

(그러나 이 역시 끝이 아니었다.
후에 아인슈타인은 광전 효과를 통해
빛은 파동이기도 하고 입자이기도 하다는
사실을 입증한다.)

'한 방이었군!'

빛은 파동이고 파장에
따라 다양한 모습을 보인다.

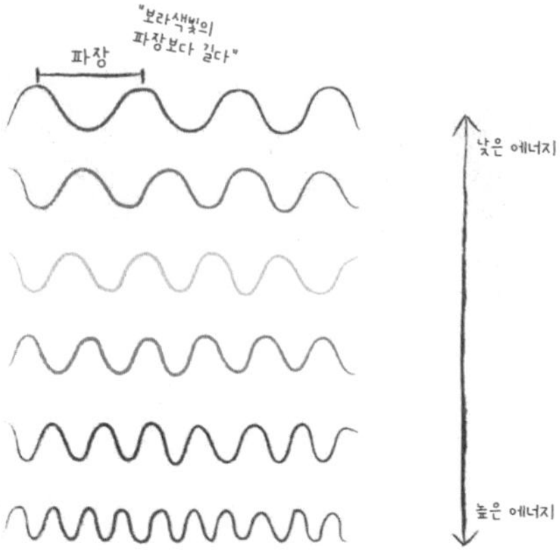

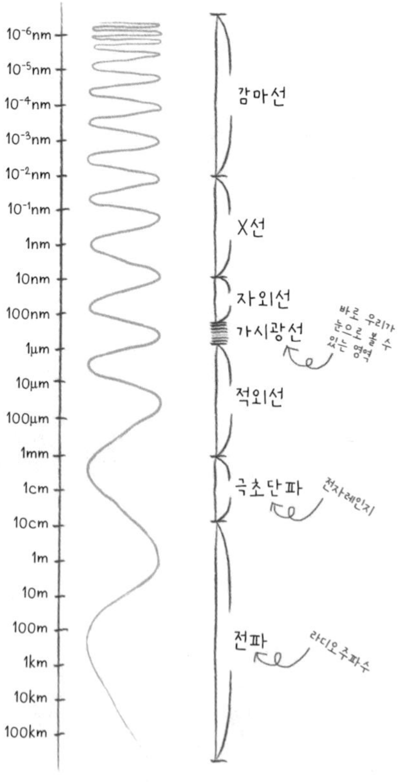

이게 다 빛인 거야?
넓은 의미에서는 그래. 좁은 의미로 보자면, '우리'가 볼 수 있는 가시광선만을 의미하기도 하지만

"여기서 '우리'는 인간을 의미해. 다른 동물들은 다른 파장의 빛을 보기도 하지."
가시광선은 인간만의 기준이라는 말이지?
이 얘기 있어 보인다.

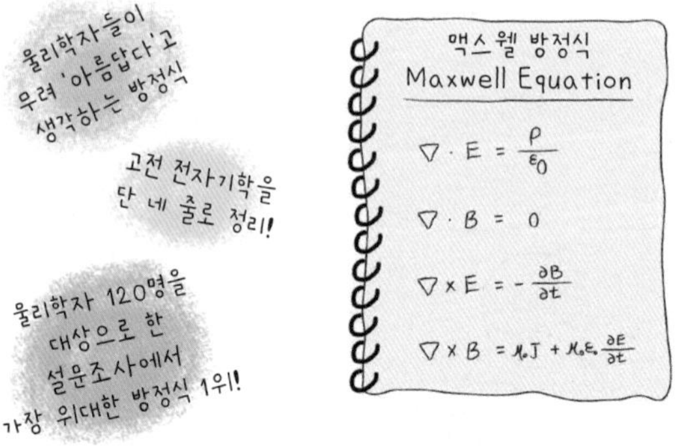
물리학자들이
우려 '아름답다'고
생각하는 방정식
고전 전자기학을
단 네 줄로 정리!
물리학자 120명을
대상으로 한
설문조사에서
가장 위대한 방정식 1위!
맥스웰 방정식
Maxwell Equation
$\nabla \cdot E = \frac{\rho}{\varepsilon_0}$
$\nabla \cdot B = 0$
$\nabla \times E = -\frac{\partial B}{\partial t}$
$\nabla \times B = \mu_0 J + \mu_0 \varepsilon_0 \frac{\partial E}{\partial t}$

이리저리 위의 방정식을 풀어가 보면,
빛의 속도는 유한한 값이 나온다.

$c \rightarrow \frac{1}{\sqrt{\varepsilon_0 \mu_0}}$

그리고 빛은 전자기파, 즉 파동이었다.

빛의 비밀이 한 꺼풀 벗겨졌다.
그러자 바로, 다음 질문이 생겨났다.
빛을 전달하는 매질은 무엇인가?

우리가 소리를 들을 수 있는 것은
공기를 통해 소리가 전달되기 때문이다.

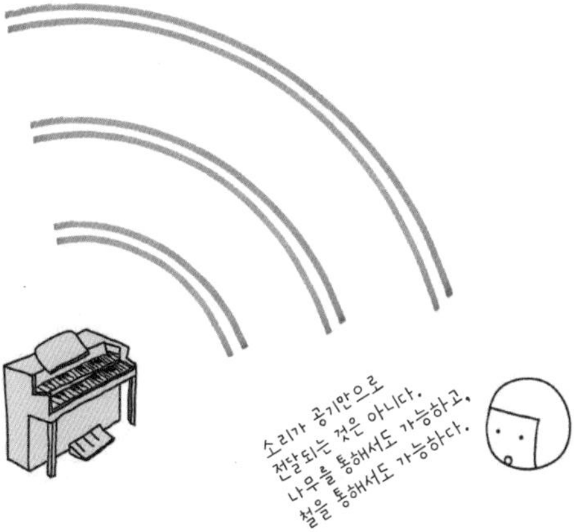
소리가 공기만으로
전달되는 것은 아니다.
나무를 통해서도 가능하고,
철을 통해서도 가능하다.

공기는 매질이 된다.
섭씨 15도에서 음속은 약 초속 340m.

예전 영화나 만화를 보면,
철로에 귀를 대
기차가 오는지 아닌지를
확인하는 장면이 있다.

철은 소리를 약 초속 5,000m로 전달한다.
공기를 통해 들리는 소리보다 훨씬 빨리
열차가 오는지를 알 수 있다.

반면, 매질이 없는 진공에서는
소리가 전달되지 않는다.

그러나 빛은 전달된다.
진공 속에서도 전파되는 것이 확실했다.

과학자들은 고민했다. 그리고
진공 속에서도 빛을 전달하는
매질이 있을 거라 생각했다.

그들은 그 존재를 에테르라 불렀다.

에테르?

도대체 에테르란 무엇일까?

12화 끝

13화

에테르를 찾아서

광속 측정의 '종결자' 마이컬슨이
에테르의 존재를 증명하기 위해 나섰다.

어우 저 설명하고
싶어 하는 입
자, 들어봐.

마이컬슨은 지구가 움직이는
방향으로 왕복하는
빛이랑, 그 빛과 수직으로
같은 거리를 달리는 빛이
도달하는 시간을 이용했어.
뭐, 머라고? -ㅂ-

마이컬슨은 이를 설명하기 위해
수영 선수들을 예로 들고 있어.

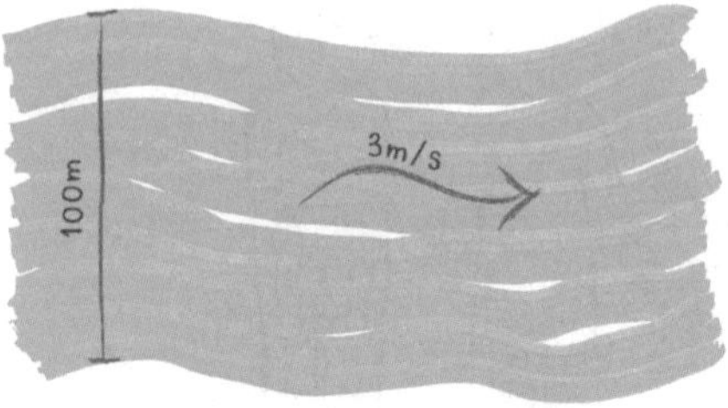

폭이 100m인 강이 있어.
강물은 초속 3m로 흘러 내려가.

두 수영 선수가 있어. 훈과 선우.

둘 다 초속 5m의 속력으로 수영을 할 수 있어.

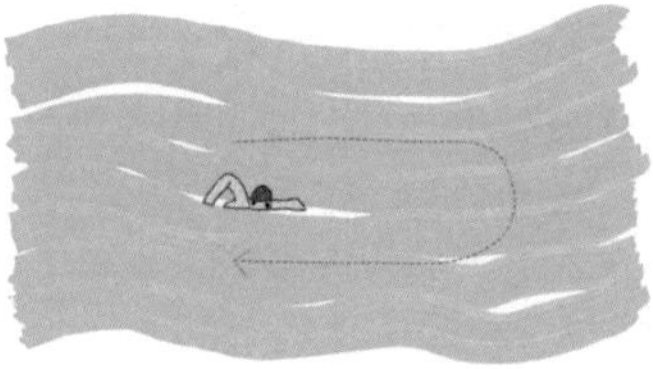

훈이는 강물을 따라
100m를 내려갔다가
다시 올라올 거야.

선우는 100m 강을
횡단한 다음,
돌아올 거야.

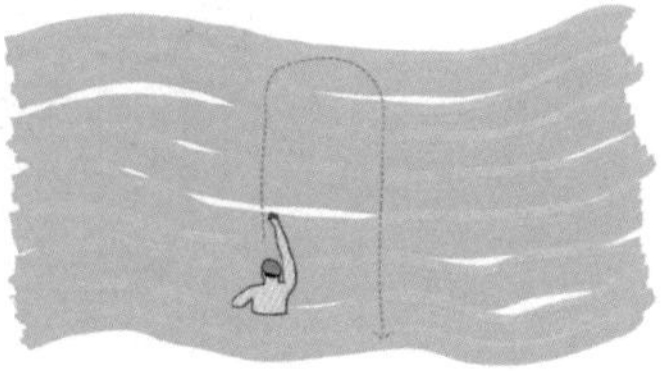

누가 더 빠를까?

훈?

선우?

아니면, 둘의 빠르기는 같을까?

훈이는 내려갈 때는
강물의 속력이 더해지므로
수영하는 속력은 초속 8m가 된다.

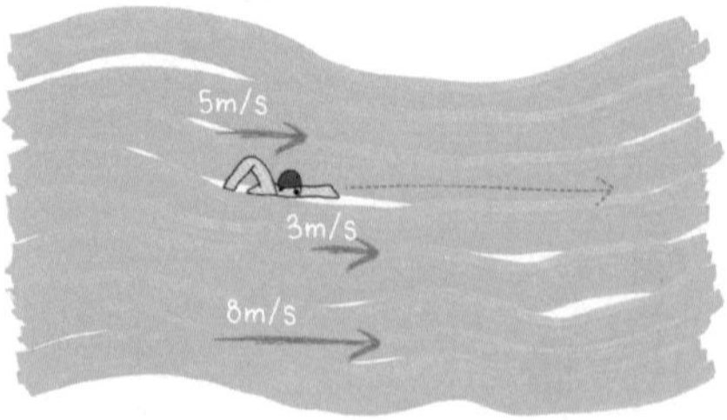

$$\frac{100m}{8m/s} = 12.5s$$

이 속력으로 100m를
가는 데는 12.5초가 걸린다.

한편 올라올 때는 강물의 속력이
방해가 되므로 수영하는 속력은 초속 2m가 된다.

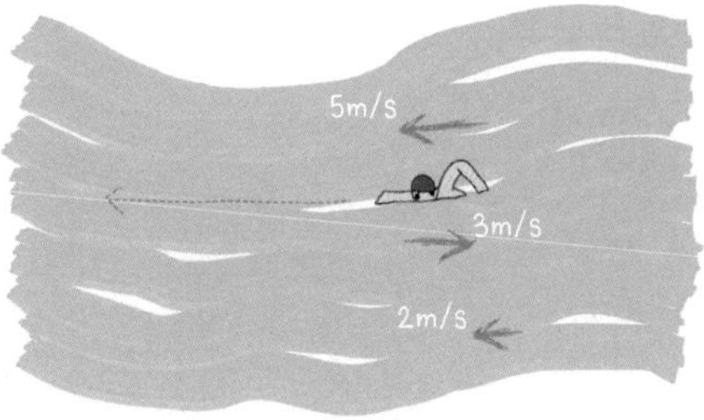

$$\frac{100m}{2m/s} = 50s$$

이 속력으로 100m를 돌아오기
위해선 50초가 걸린다.

훈이가 걸린 시간은
총 62.5초이다.(12.5초+50초=62.5초)

선우는 수직 방향으로 수영하면
물살 때문에 방향이 틀어진다.

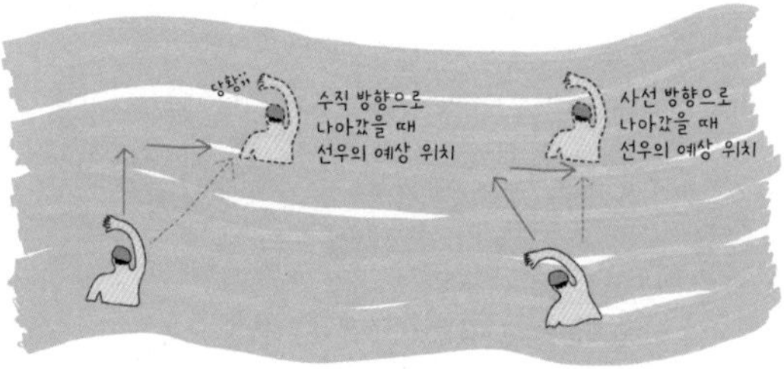

잘못된 예 잘된 예

바로 위로 가기 위해서는 물살의 흐름을
고려해 사선으로 수영을 해야 한다.

피타고라스의 정리를 사용해
선우의 속력을 계산하면,
선우는 초속 4m의 속력으로
수직 방향으로 갈 수 있다.

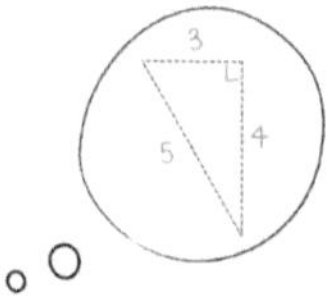

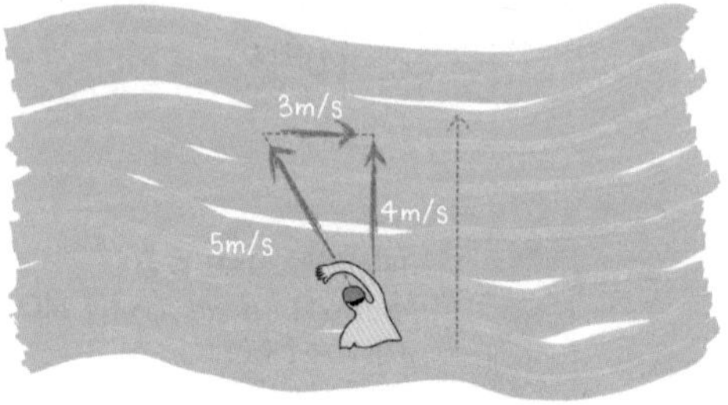

$$\frac{100m}{4m/s} = 25s$$

이 속력으로 100m를
가는 데는 25초가 걸린다.

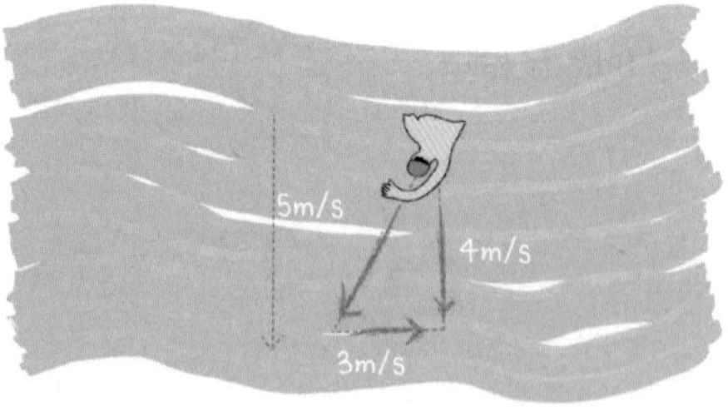

돌아올 때의 속력 역시 같으므로,
시간도 25초 동일하다.

선우가 걸린 시간은
총 50초이다.(25초+25초=50초)

그래서 답은
선우의 승리.
'마치 특강 같아 -ㅠ-'

빛도 마찬가지다.

지구는 태양 주위를
초속 30km로 돌고 있다.

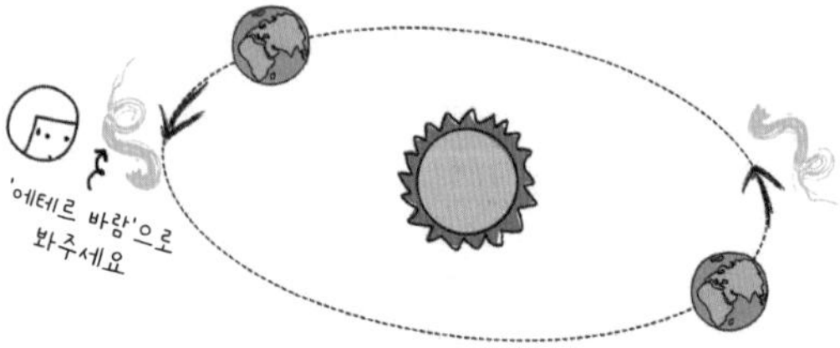
'에테르 바람'으로
봐주세요

이는 지구가 초속 30km의 속력으로
에테르라는 물질을 통과하는 것을 의미한다.

그리고 이는 에테르 바람을 만들어낸다.

바람이 없는 날 차를 타고 달리면
바람을 맞게 되는 것과 같다.

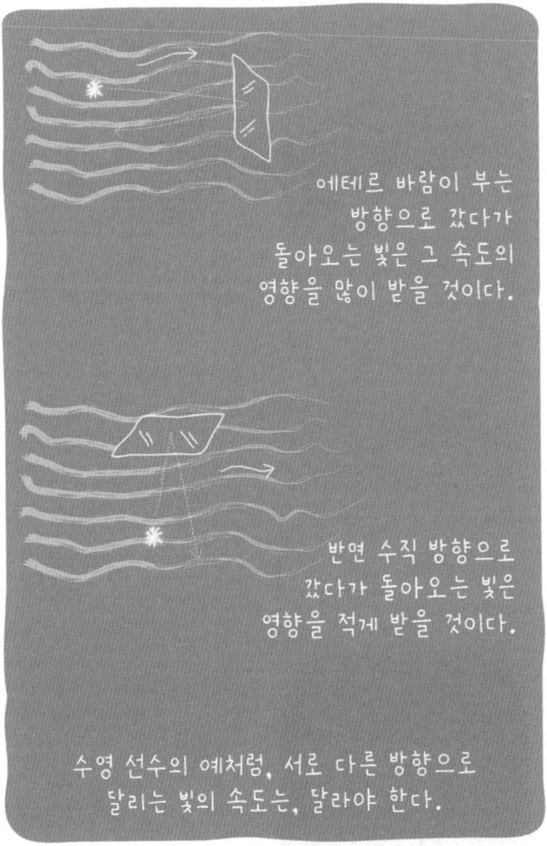
에테르 바람이 부는
방향으로 갔다가
돌아오는 빛은 그 속도의
영향을 많이 받을 것이다.
반면 수직 방향으로
갔다가 돌아오는 빛은
영향을 적게 받을 것이다.
수영 선수의 예처럼, 서로 다른 방향으로
달리는 빛의 속도는, 달라야 한다.

마이컬슨과 몰리는 에테르를
찾기 위한 정교한 실험 장치를 고안했다.

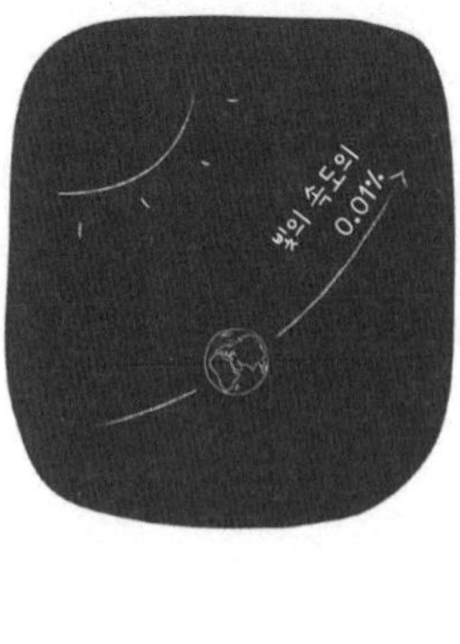

지구의 공전 속력은
빛의 속도의 0.01%에
불과하다.

"빛의 속도를 0.01%보다 더 작은 오차 범위로 측정해야, 에테르에 의한 차이가 있는지 없는지를 알 수 있다는 거지."

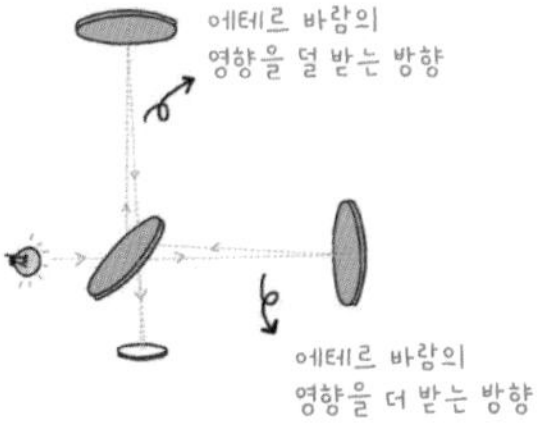

모든 장치를 정밀하게 만들고, 세심하게 다듬었다. 오차를 줄이기 위해 주의를 기울였다.

FINDING
AETHER
에테르를 찾아서
또 동시에
도착했군.
괜찮아.
다시 해보자.

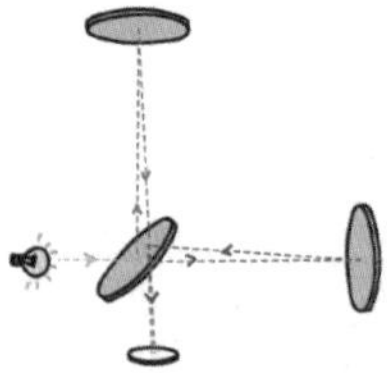

그럼에도 직각으로 진행하는 빛의
시간 차이를 찾아낼 수 없었다.
그들은 실험을 수없이 반복했다.

7년 후

FINDING
AETHER
에테르를 찾아서
걱...
또 동시에.
멘붕 멘붕

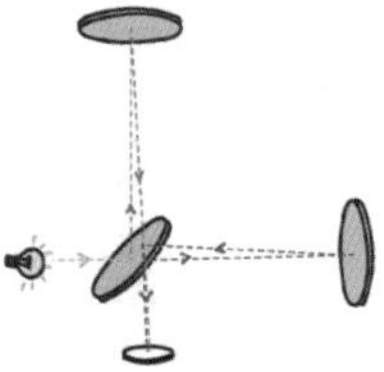

7년이 지나고 마침내 그들은
실험 결과를 논문으로 발표했다.

마이컬슨은 에테르를 입증하기 위해 실험을 했지만,
에테르가 존재한다는 증거가 없었다.

에테르는 존재하지 않았다.

그의 실패한 실험은 가장 위대한 실험이 되었다.
(1907년 마이컬슨 노벨 물리학상 수상)

13화 끝

14화

빛의 속도로 달리면서 빛을 보면?

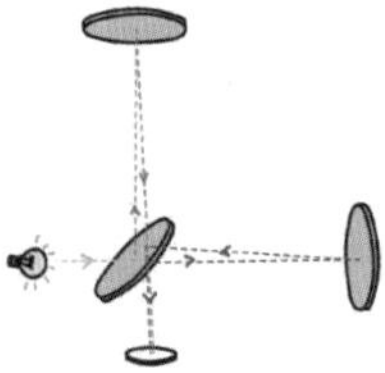

1887년 마이컬슨과 몰리의 실험

"에테르가 없다."

수많은 사람들이
실험 결과를 의심했지만 마이컬슨과 몰리조차

"정말? 나는 믿지 못하겠다!"

"실험이 잘못된 거 아냐?"

"뭔가 우리가 모르는
문제가 있겠지…."

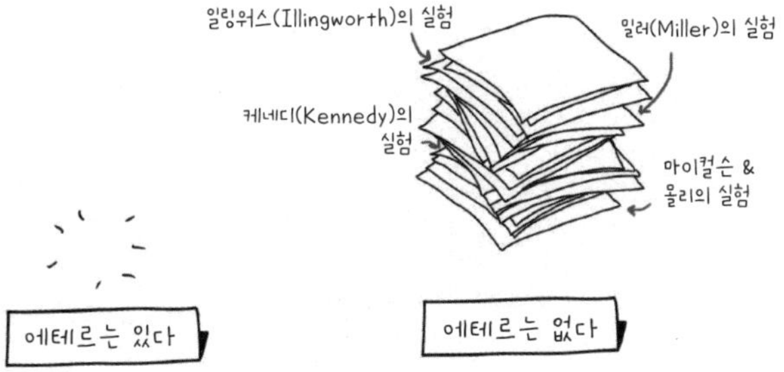

연이은 실험들은
'에테르가 없다'고 말하고 있었다.

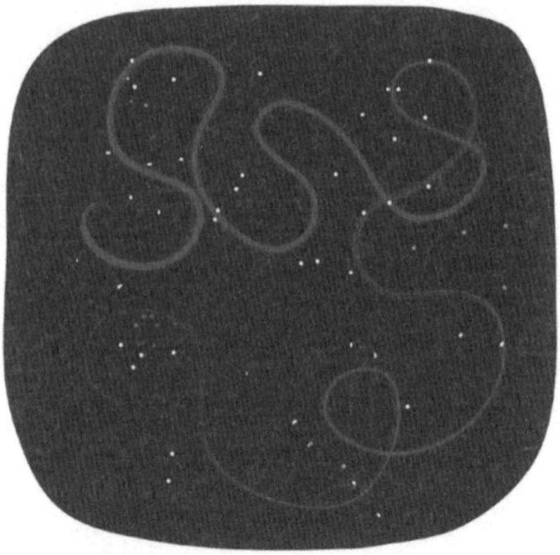

사람들은 우주가 에테르로 가득하고
에테르가 빛을 초속 30만 km로
전달해준다고 믿었다.

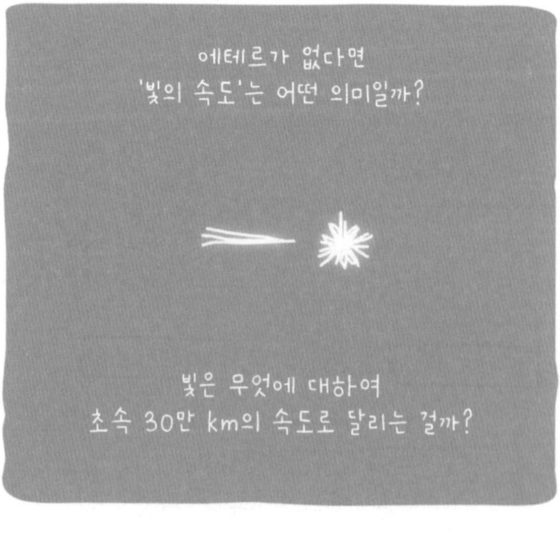
에테르가 없다면
'빛의 속도'는 어떤 의미일까?
빛은 무엇에 대하여
초속 30만 km의 속도로 달리는 걸까?

1896년 열일곱 살의 소년,
아인슈타인은 만약 빛의 속도로 달리면
무슨 일이 일어날지를 상상했다.

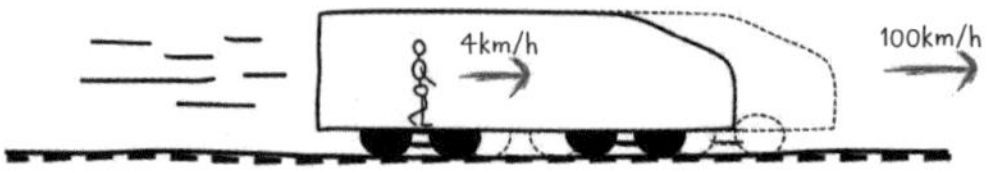

시속 100km로 달리는 열차 안에서 재구는
앞으로 시속 4km의 속력으로 걷고 있다.

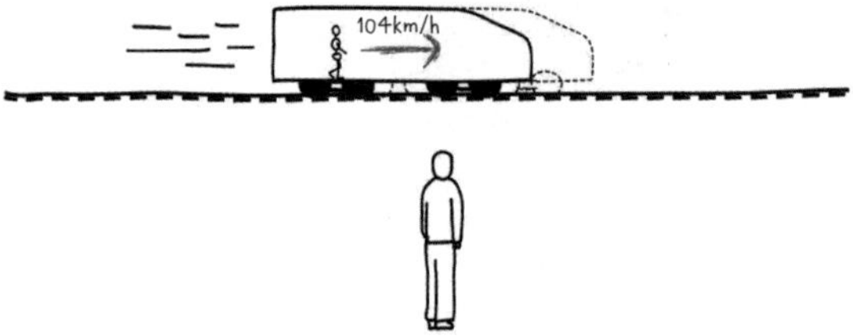

밖에 있는 사람에게는 재구가
시속 104km의 속력으로 가는 것으로 보인다.

'정지한 사람'에 대한 재구의 속력이다.

달리는 열차 안에서 보면 재구는
시속 4km의 속력으로 걷는 것으로 보인다.

무엇에 대한 것이냐에 따라
속력이 변한다.

갈릴레오가 얘기한
'상대성'이다.

갈릴레오는
『두 새로운 과학에 대한 대화』에서
상대성을 다음과 같이 설명한다.

큰 배 선실에 친구와
함께 타고 있다.

선실에는
유리창이 없다.

큰 어항 안에서
물고기들이 헤엄치고
파리와 나비 같은
곤충들이 날아다닌다.

물이 한 방울씩
어항으로 떨어진다.

무언가를 던지면,
어느 방향이든
날아가는 거리는
똑같다.

두 발을 모아 껑충 뛰어보면,
어느 방향으로든 똑같은 거리만큼 뛸 수 있다.

이제 배를 움직여보자.
배가 같은 속력으로 움직인다면,

선실 안에서
일어나는 일에는

어떤 차이도
생겨나지 않는다.

게다가 우리는 선실 안의 일들로부터
배가 정지해 있는지 아니면 움직이고 있는지
알아낼 수 없다.

KTX가 시속 300km로 달리고 있어도 가끔 달리고 있는지,
역에 정차했는지 헷갈릴 때가 있다.

여긴 지금 어디?

소음과 진동이 없고 유리창까지 없다면,
더욱 알기 힘들다.

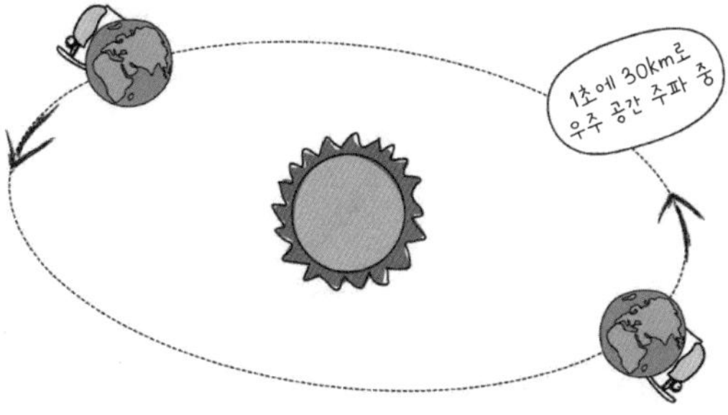
1초에 30km로
우주 공간 주파 중

지구가 시속 108,000km라는
엄청난 속력으로 달리고 있지만
그 누구도 느끼지 못하는 것처럼.

속력이 변하지 않고, 일정한 속력으로
등속직선운동을 하는 상태를
관성좌표계라 하는데, 이런 관성좌표계에
있을 때에는 정지해 있을 때와
차이를 발견할 수 없다는 거야.

다시 아인슈타인의 질문으로 돌아가보자.

빛의 속도,
초속 30만 km는
무엇에 대한 속도일까?

만약 아인슈타인이 빛의 속도로 날아간다면,
아인슈타인에 대한 빛의 속도는 0이 될까?

조금 더 상상해보자.
아인슈타인 빛의 속도로
날아가면서, 거울을
본다고 해보자.

보통의 상황이라면 빛은
아인슈타인의 얼굴을 떠나
에테르라는 매질을
거쳐 거울로 간 다음
돌아와야 한다.

그런데 아인슈타인이 빛의 속도로
달리고 있으므로 상대적인 빛의 속도는 0이다.

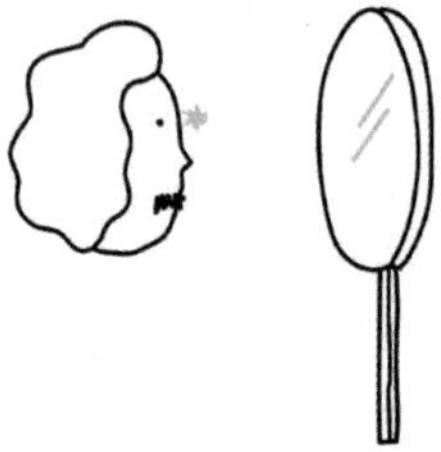

빛이 달리는 만큼 거울이 멀어지므로,
빛은 거울로 갈 수 없다.
거울에는 아무것도 안 보이게 된다.

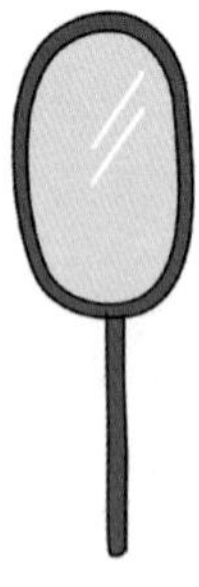

거울에 아무것도 안 보이게 된다고?

무언가 이상하다. 갈릴레오는 분명
관성좌표계에서는 정지해 있을 때와
어떤 차이도 발견할 수 없다고 했다.

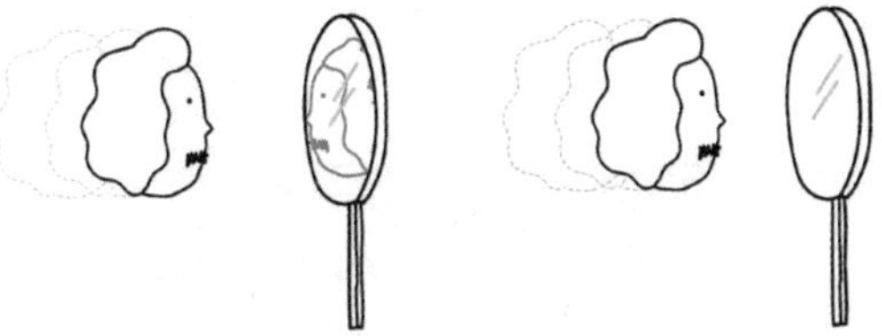

시속 30km로 달릴 때 초속 30만 km로 달릴 때

그런데 빛의 속도로 달리면 거울에서
반사되는 상이 사라진다?

시속 30km로 항해할 때

배가 빛보다 낮은 속력으로
움직일 때는 아무 일도 일어나지 않지만

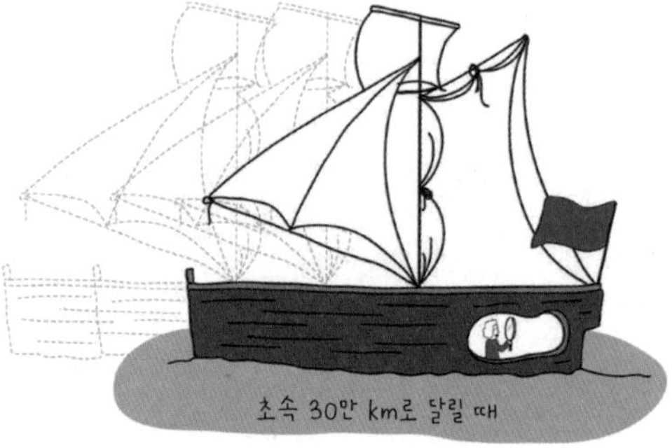
초속 30만 km로 달릴 때

배가 빛의 속도로 달리면
거울의 상이 사라진다?

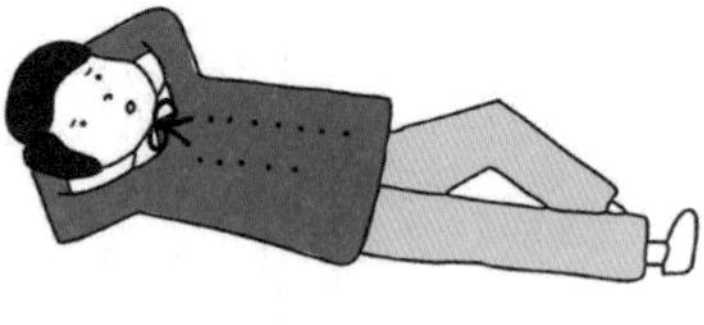

어딘가 잘못됐다.
소년 아인슈타인은
이 문제를 생각한다.

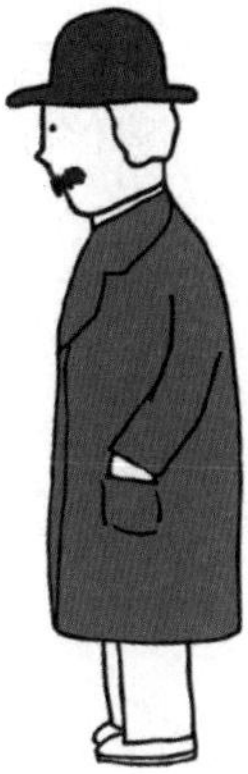

그리고 10년이 지난 1905년,
그는 이에 대한 답을 내놓는다.

운동하는 물체의 전기역학에 대하여
A. Einstein

"일명 특수상대성이론!"

14화 끝

15화

위대한 법칙의 탄생

1901년 한 아버지가 쓴 편지

"존경하는 교수님께."

"제 아들 녀석은 요즘 마땅한 일자리가 없다는 것,
또 자기 인생이 제 궤도를 벗어났다는 생각 때문에
심각한 실의에 빠져 있습니다…."

"게다가 녀석은 대개 겸손한
사람들이 그렇듯 자신이
가족에게 짐이 되고 있다는
생각에 짓눌려 있습니다…."

"그래서 결론은,
혹시라도 녀석에게 이번 학기나
다음 가을 학기라도 조교 자리를 주실 수만 있다면,
감사한 마음을 말로 다 표현할 수 없을 것입니다…."

굽신
굽신

편지를 받는 사람
독일 라이프치히 대학의
빌헬름 오스트발트 교수

1909년 노벨 화학상 수상

편지를 쓴 사람
헤르만 아인슈타인

설, 설마

그리고 그가 염려한 아들은
알베르트 아인슈타인이었다.

헐. 아인슈타인이
백수였다니.

그는 어릴 때부터 교사들로부터는
인정을 받지 못했다.

어떤 교사는 그를 집으로 돌려 보내기도 했고,
다른 교사는 그가 결코 큰 인물이 될 수 없을 거라고
선언했다.

넌 커서
아무것도 되지
못할 거야!
과연??

그러나 그건 그가 공부를 못해서가
아니라 그의 반항적인 태도 때문이었다.

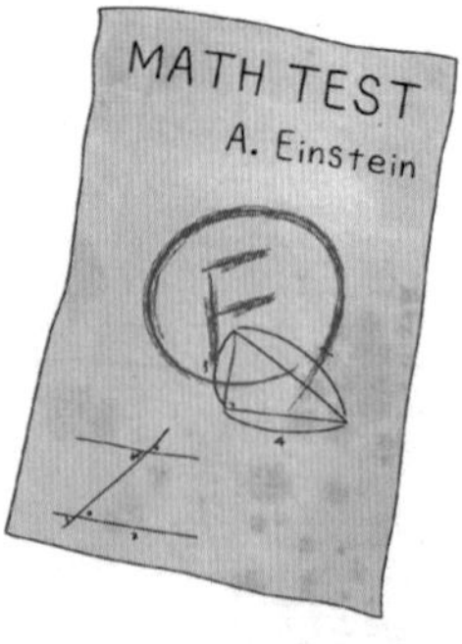

학창 시절,
아인슈타인이
수학 과목을 낙제했다는
이야기가 있다.

"많은 사람들이
이 이야기를 믿고 있는데,
성적이 나쁜 학생들을 안심시키기
위해 쓰여진 수십 권의 책과
수많은 웹사이트에서
그런 이야기를 전하고
있어요."

월터 아이작슨
아이슈타인 전기 작가.
우리나라에선 스티브 잡스
전기작가로 더 유명함.

Ripley's Believe It or Not!
Physics legend ALBERT EINSTEIN FAILED A BASIC MATH COURSE MULTIPLE TIMES AND IN FACT UNTIL COLLEGE THOUGHT THAT MATH WAS SOMETHING YOU COULD EAT.
WHAT THE FART?
Matematik bir tutkudur.
www.matematiktutkusu.com
4-27

그것은 한 신문에 실린
'살아 있는 가장 위대한
수학자가 수학에
낙제했다'라는
제목의 칼럼
때문이었다.

칼럼 제목은
'리플리(Repley)의 믿거나 말거나'

1935년, 프린스턴의 한 랍비가
그에게 그 칼럼을 보여주고 사실인지 묻자,
아인슈타인이 웃으며 말했다.

"저는 수학에 낙제한 적이
없습니다.
저는 열다섯 살이 되기 전에
미적분에 통달했습니다."

대학을 졸업한 아인슈타인은
아버지의 편지에도 불구하고
아무 일자리도 얻지 못했다.

특허청에 자리가 있대.

그는 이듬해(1902년) 대학 친구
마르셀 그로스만의 도움으로
특허청 직원으로 일할 수 있게 되었다.

1903년 아인슈타인은 밀레바 마리치
(Mileva Marić 1875~1948)와 결혼했다.

1904년 아들 한스가 태어났고,

아인슈타인은 3급에서 2급으로
승급 신청을 했으나 누락됐다.
아인슈타인의 형편은 좋지 않았다.

1905년(나이 26세)
어느 화창한 봄날

아인슈타인은 절친한 친구
미켈 베소를 만나 산책을 했다.

그날 아인슈타인은
왠지 불안해 보였다.

지난 몇 달 동안
머릿속에 있던
생각들이 그를 괴롭혔다.

풀릴 듯하면서도 명쾌하게
풀리지 않는 무언가가 있었다.

다음날 아침, 잠에서 깨어난 그는 몹시 흥분했다.
그리고 대여섯 주에 걸쳐 논문 초안을 완성했다.

30만 KM

"빛의 속도는
관측자에 대해 일정해야 한다."

지난 10년 동안 떠오른 생각을
마침내 정리한 논문이었다.

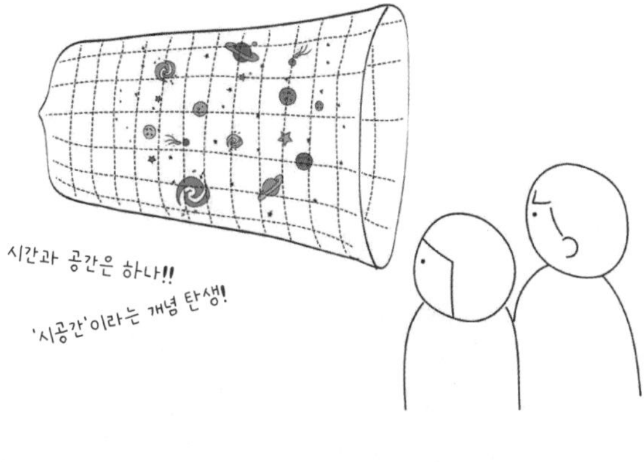
시간과 공간은 하나!!
'시공간'이라는 개념 탄생!

이 논문은 시간과 공간에 대한
우리의 사고를 바꾸었다.

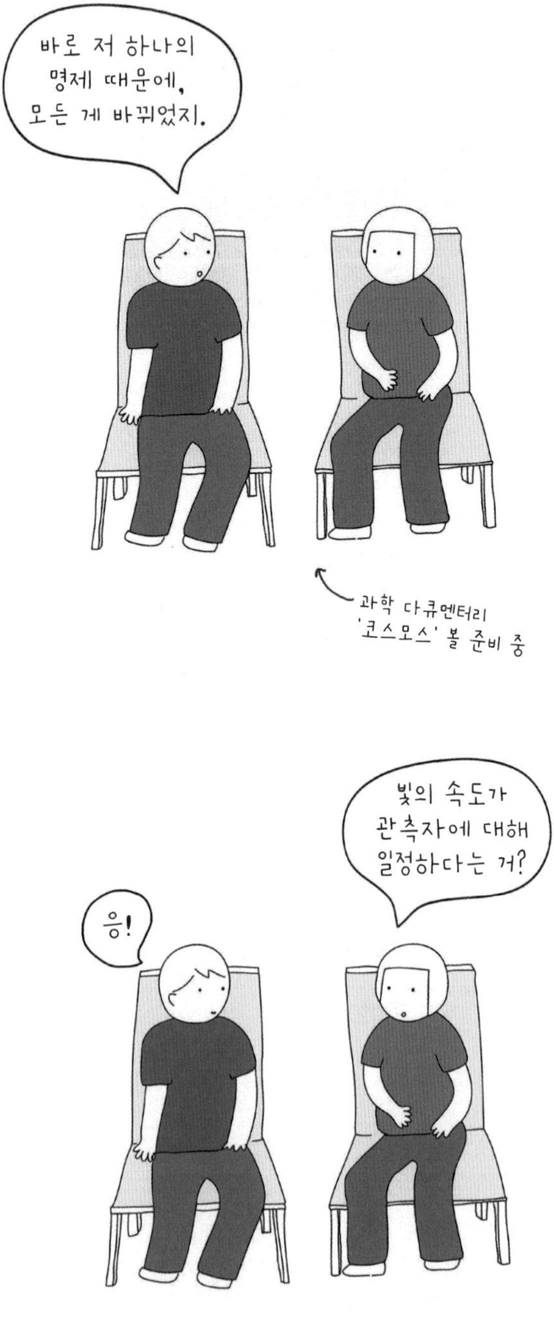
바로 저 하나의
명제 때문에,
모든 게 바뀌었지.
과학 다큐멘터리
'코스모스' 볼 준비 중
빛의 속도가
관측자에 대해
일정하다는 거?
응!

"빛의 속도로 달리면 거리가 0이 된다."

"응?"

"어떤 것도 빛의 속도를 넘을 수 없다."

"왜?"

"속도가 빨라지면 질량이 늘어난다."

"뭐?"

무슨 말도 안 되는 소리야?

아인슈타인은 그의 논문을 발표하기 위해
『물리학 연보』에 보냈는데,
몇 주 뒤 빠진 게 있다는 것을 알게 됐다.

그는 3장을 추가로 작성해 다시 보냈다.

여기에는 우리들에게도 너무
익숙한 공식이 하나 들어 있었다.

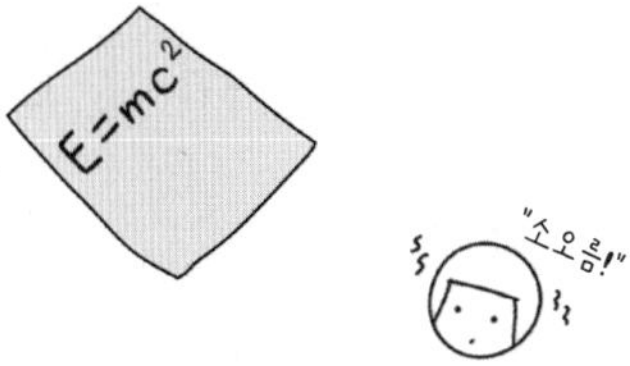

15화 끝

16화

절대 공간

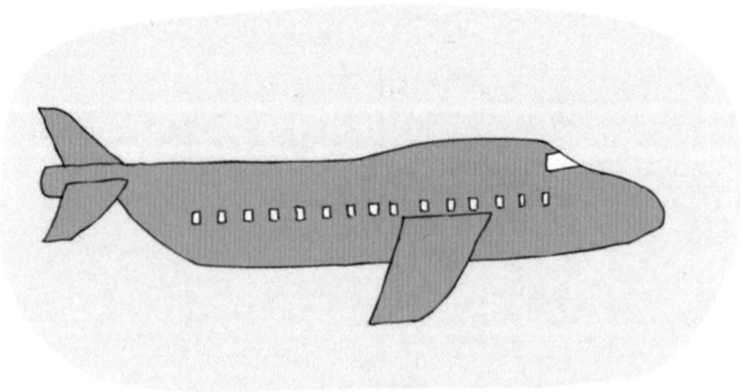

비행기

한 남자가 비행기의 좌석에서 일어남

남자가 화장실에 감

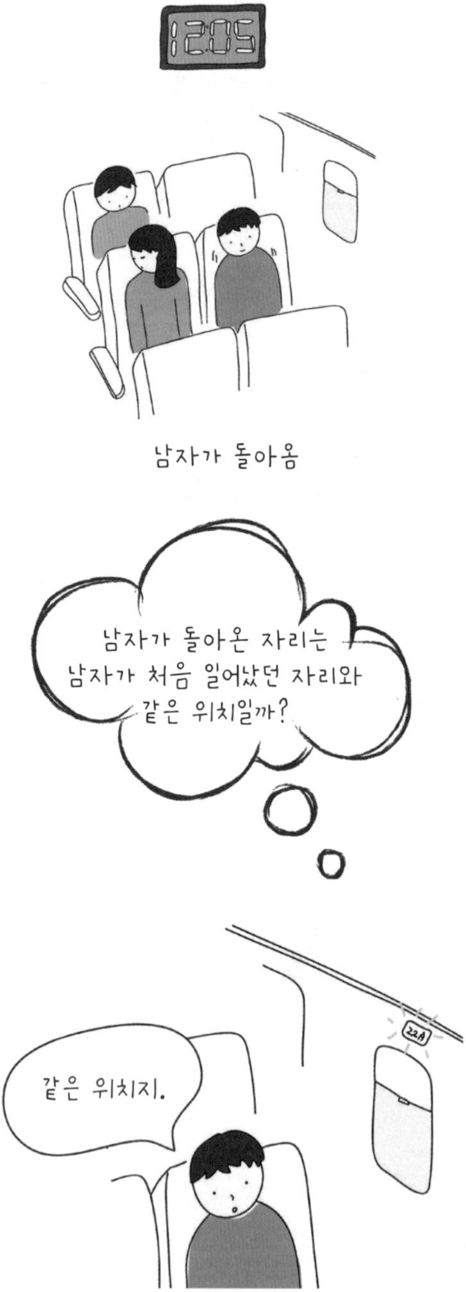
12:05
남자가 돌아옴
남자가 돌아온 자리는
남자가 처음 일어났던 자리와
같은 위치일까?
22A
같은 위치지.

800km/h

지상에 있는 여자

그녀가 서 있는 5분 동안
시속 800km의 비행기가
날아간 거리는 67km

다른 위치야.

아이들은 학교에 갔다가 집에 돌아온다.

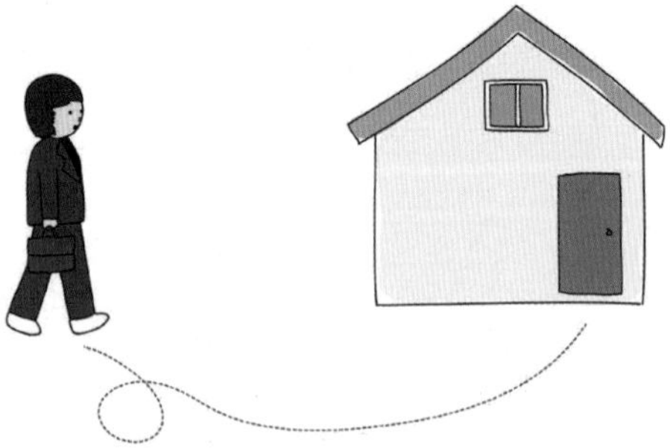

어른들은 직장에 갔다가 집에 돌아온다.

집은 같은 위치일까?

같은 위치지!
주소가 같은데
당연하지.

1,660km/h
지구는 시속 1,660km로
자전한다.

"자전 속력은 위도에 따라 달라.
적도가 가장 빠르고 극지가 가장 늦지."

30km/s
지구는 시속 108,000km로
공전한다.

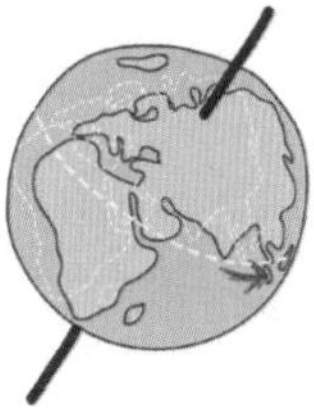

10시간 뒤 돌아온 집은
지구의 회전만으로
1만 7000km 이동했고,

"적도 기준"

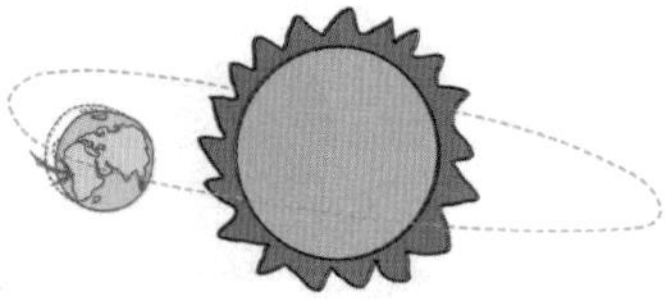

지구의 공전으로
108만 km 멀어졌다.

우리는 가만히 있어도 지구라는
'우주선'을 타고 우주 공간을 날고 있다.

그럼, 1년 뒤 같은
시간에는 같은 위치로
돌아오는 거 아냐?

태양 역시 가만히 있지 않는다.

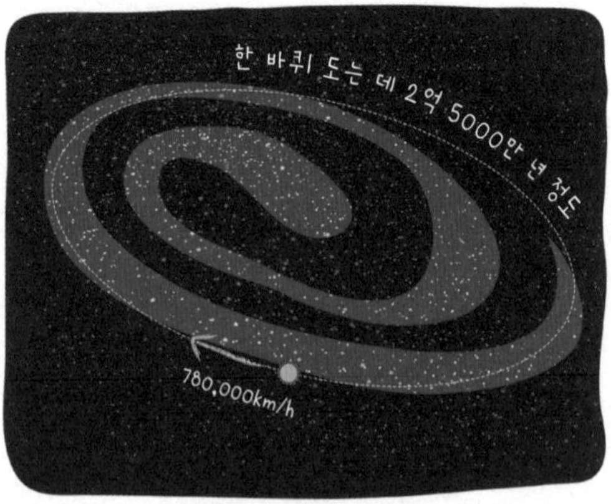
한 바퀴 도는 데 2억 5000만 년 정도
780,000km/h

은하의 변두리에 위치한
태양은 은하의 중심을 공전한다.

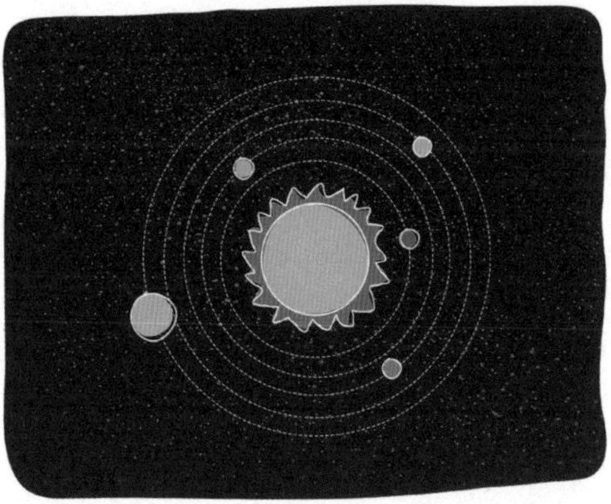

우리가 익히 아는 태양계는 태양은 정지해 있고,
8개의 행성이 태양을 공전하는 모습이지만,

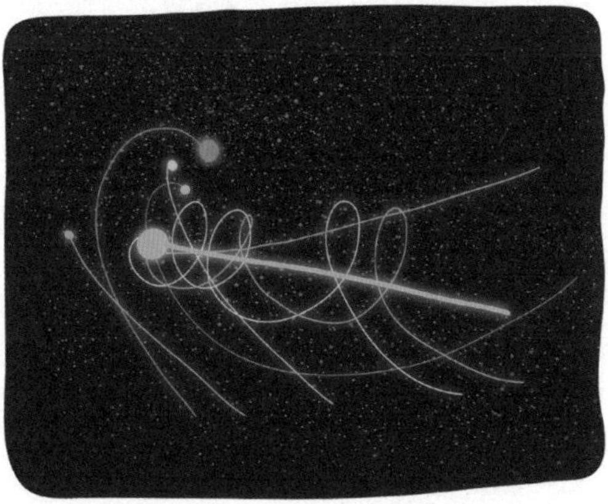

사실은 태양이 엄청난 속력으로 움직이고
태양 주위로 행성들과 위성들이 따라 다닌다.

그것이 끝이 아니다.
은하계도 움직인다.

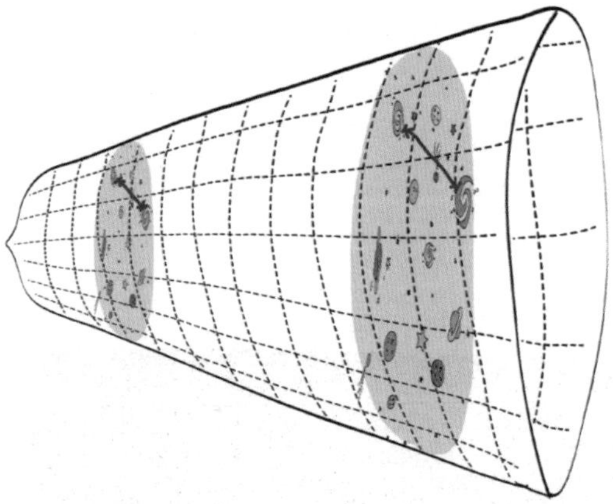

우주는 빅뱅 이후 계속 팽창하고 있다.
은하와 은하 사이는 계속 멀어지고 있다.

도대체 움직이지
않는 게 없어?
응. 없어.

우주에서 고정된 위치는 없다.

움베르토 에코는 『푸코의 진자』에서
흔들리지 않는 점에 대해 이야기한다.

진자가 움직이고,
지구의 자전으로 인해
바닥 면이 자전의 방향과
반대 방향으로 이동하지만
진자를 매단 줄의 최정상은
움직이지 않는
하나의 점.

'불변의 진리'와도
같은 것이다.

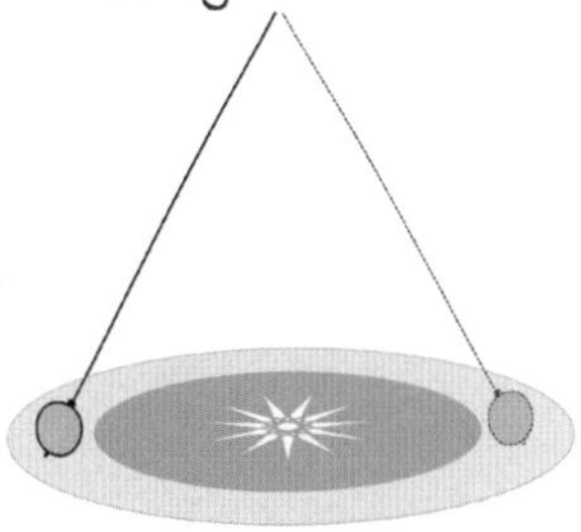

그러나 우주에서
움직이지 않는 점은 없다.

절대 공간, 절대 좌표, 정지된 공간···
이런 것들은 불가능하다.

은하계가 움직이고,
태양계가 움직이고,
지구가 공전하고 자전해도,
우리는 그 위치 변화를 알지 못한다.

우리가
그 변화 속에
있기 때문이다.

이제 다시 아인슈타인의
특수상대성이론으로 돌아가보자.

시간은 무엇일까?
시간은 절대적일까?

16화 끝

17화

절대 시간

"빛의 속도는
관측자에 대해
일정해야 한다."

"누가 보더라도 빛의 속도는
초속 300,000km이다."

이 말에는 엄청난 의미가 담겨 있어. 음. 우선 수식 몇 개만 따라오면 돼.
수식? 수식이 꼭 필요한가?
어렵지 않아. 그리고 이런 계산을 하고 나면, 상대성에 대한 느낌이 오거든.
음… 과연?

열차 한 대가 정지해 있다.
열차의 전조등이 앞을 비춘다.

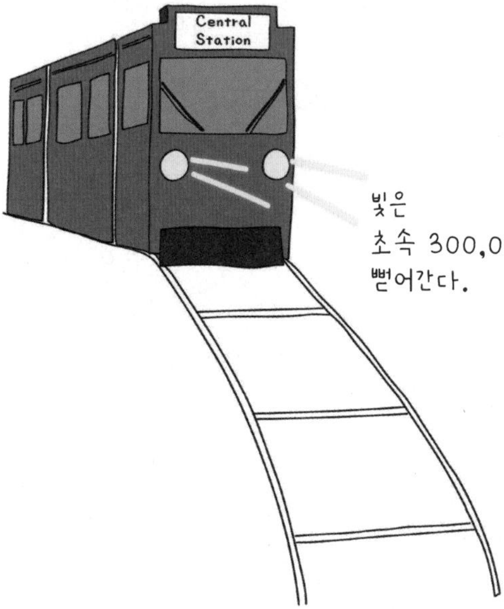

빛은
초속 300,000km로
뻗어간다.

열차가 앞으로 달린다.

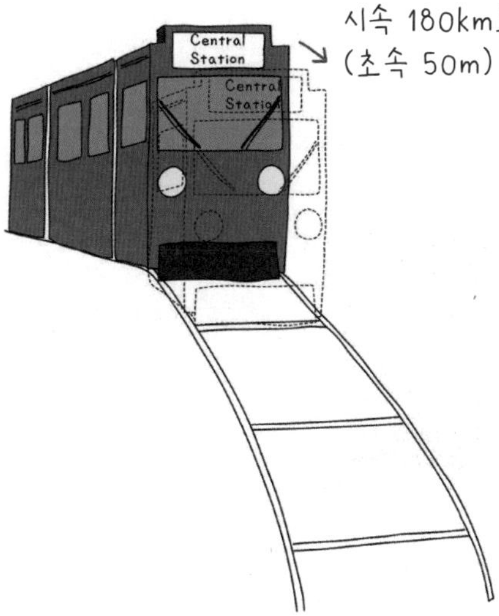

열차는
시속 180km로 달린다.
(초속 50m)

달리는 열차에서 나온
빛의 속도는 얼마일까?

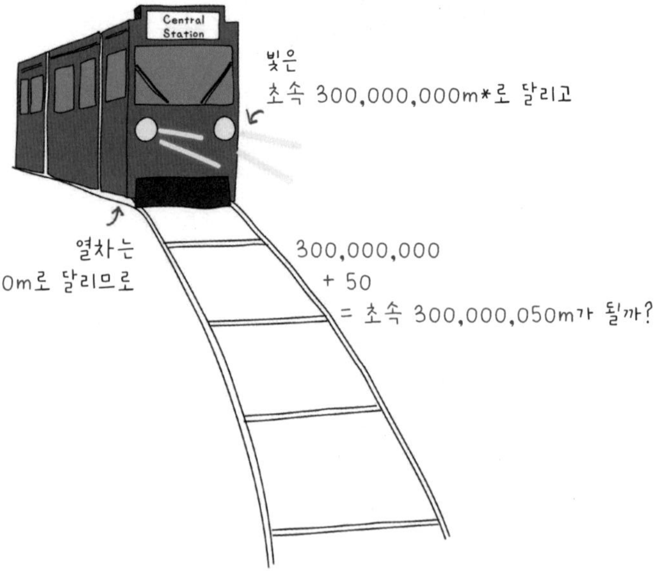

Central Station
빛은
초속 300,000,000m*로 달리고
열차는
초속 50m로 달리므로
300,000,000
+ 50
= 초속 300,000,050m가 될까?

(*km에서 m로 바뀌었다. 1km=1,000m)

"그렇지 않다!"

"빛의 속도는 변하지 않는다.
열차에서 빛을 바라보든
열차 밖에서 빛을 바라보든
빛의 속도는
초속 300,000km이다."

이것이 바로,

'광속 불변의 법칙'이다.

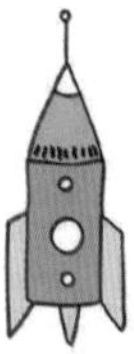

이번에는 우주선의 예를 들어보자.

우주선 안에는 여러 시계가 있다.

손목시계

원자시계

그리고 빛시계

응? 빛시계?

'이게 그나마
가장 이해하기
쉽거든.'

우주선에는 3m 거리를 두고
두 거울이 평행하게 설치되어 있다.

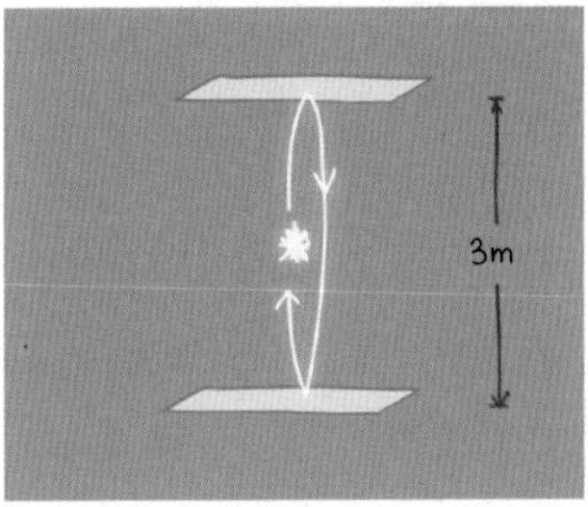

빛은 두 거울 사이를 왕복한다. 빛의 속도는
항상 같기 때문에 시계는 정확하다.

빛이 하나의 거울을 출발해
다른 거울에 반사되어 돌아오는 시간,
즉 1회 왕복 시간은 다음과 같다.

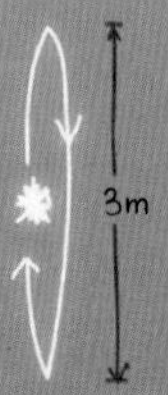

1회 왕복 시간 = 거리/속력
= 6m ÷ 300,000,000m/s*
= 1/50,000,000
= 0.00000002s

(*300,000km/s = 300,000,000m/s)

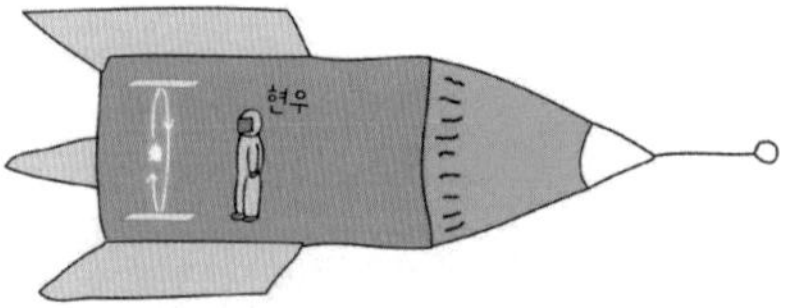
현우

즉 우주선 안에 있는 현우에게는
0.00000002초마다 빛이 1회 왕복을 마친다.

간단하게
0.00000002초마다
째깍대는 시계라고 생각해.

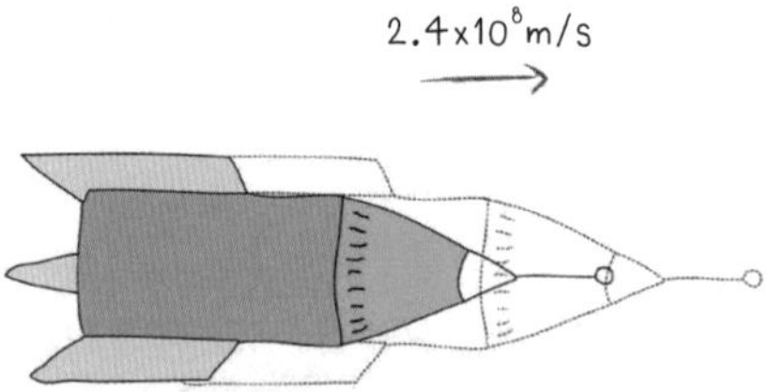
2.4×10^8 m/s

그런데 우주선이 날아가고 있다.
날아가는 속력은 빛의 80%,
즉 초속 240,000,000m이다.

우주선 바깥에 정지해 있는
연아가 바라보는
빛의 궤적은 다음과 같다.

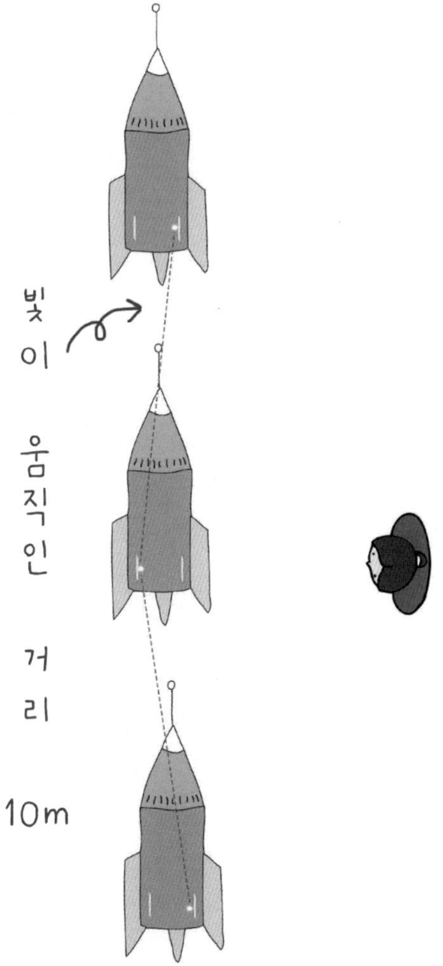

(*우주선의 움직임이 실제보다 과장되어 있음.)

현우에게는 빛의 1회 왕복 거리가 6m였는데,
연아가 바라본 빛의 1회 왕복 거리는 10m이다.

이를 간단하게 그려보자.

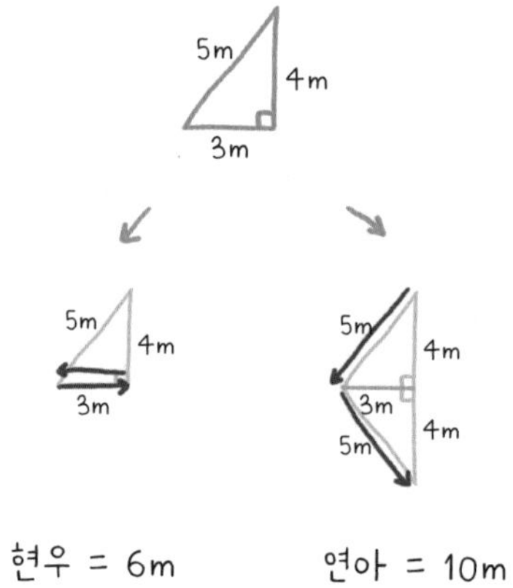

연아가 본 빛의 1회 왕복 시간
=10m ÷ 300,000,000m/s
= 1/30,000,000
=0.0000000333…s

우주선에선 내린 현우에게 연아가 말한다.

네 시계 이상하지 않았어? 우주선 안에 있는 빛시계가 0.00000003초마다 째깍거리더라.
무슨 말이야? 0.00000002초마다 째깍거렸는걸.
아니야. 그거보다 훨씬 늦게 갔어.

누구의 말이 옳을까?
둘 다 맞다. 두 사람이
느낀 시간이 다르다.
아, 머리 아파.
시간이 늦게 간 거야?
빨리 간 거 아냐?

지금 시간이 너무 짧아서 헷갈리는데···. 저 비율 그대로 좀 큰 숫자로 바꾸면, 우주선에서 현우가 20초의 시간을 보내는 동안, 연아는 33.3초의 시간을 보낸 거야.

"빛의 속도는 어디에서 보든 늘 일정해야 하기 때문에 움직이는 사람과 정지한 사람의 시간이 달라지는 거야."
뭐? 왜?

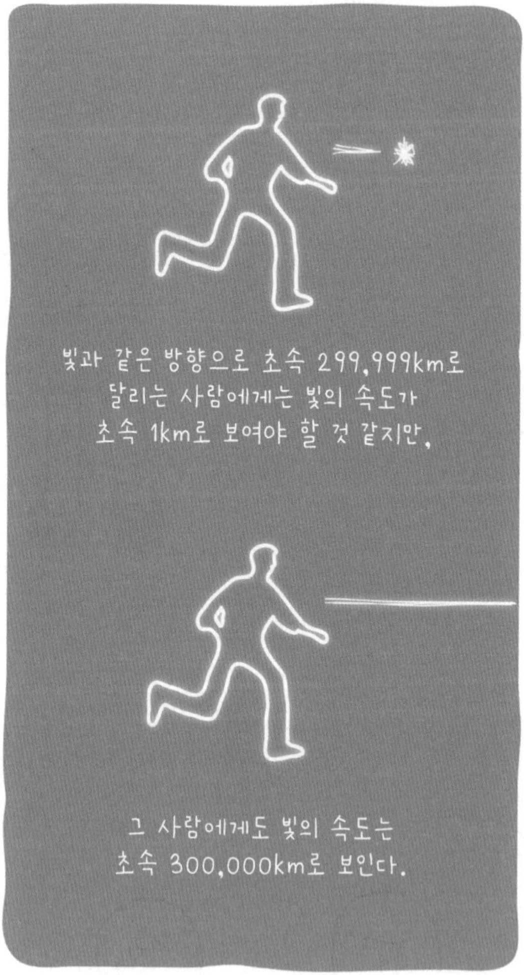
빛과 같은 방향으로 초속 299,999km로
달리는 사람에게는 빛의 속도가
초속 1km로 보여야 할 것 같지만,
그 사람에게도 빛의 속도는
초속 300,000km로 보인다.

정지해 있든

초속 30,000km로 달리든

초속 100,000km로 달리든

초속 299,000km로 달리든

빛의 속도는 항상 초속 300,000km이다.

17화 끝

18화

세상에서 가장 정확한 시계

세상은 원자들로
이루어져 있다.

원자는 가만히
있는 것이 아니라
끊임없이 진동한다.

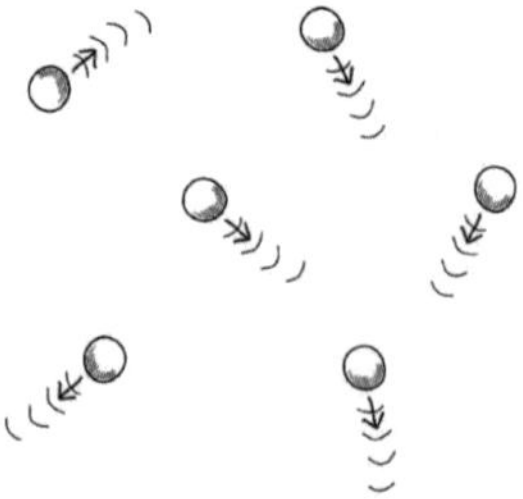

외부 작용이 없으면 이 주기는 고요하다.

따라서 원자의 진동수를
측정하면 정확한
시계를 만들 수 있다.

원자시계다.

최초로 만든 원자시계는
암모니아-메이저 시계인데,
수만 년 동안
1초의 차이가 생긴다.

루비듐 원자시계와

37
Rb
Rubidium
85.4678

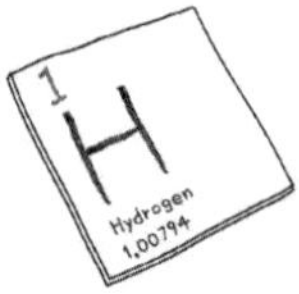
1
H
Hydrogen
1.00794

수소 원자시계도 있다.

이들 원자들이 시계로 이용되는 이유는
다른 원자들보다 진동이 더욱 일정하기 때문이다.

특히 세슘 원자로 만든 시계는 엄청나게 정확하대. 300만 년에 1초 정도의 오차가 발생한다네.
300만 년?!

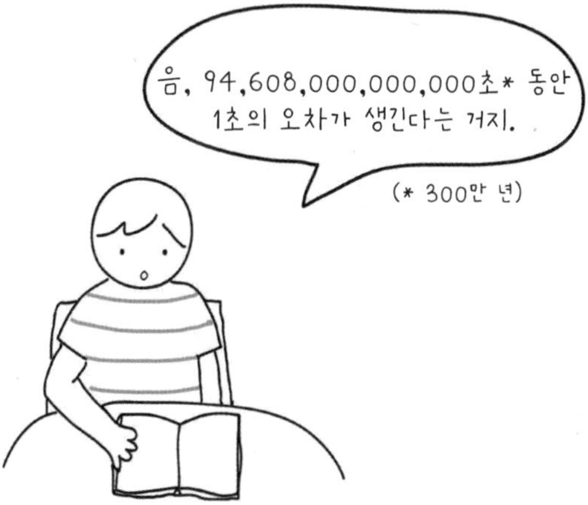
음, 94,608,000,000,000초* 동안
1초의 오차가 생긴다는 거지.
(* 300만 년)

"게다가 원자시계는 계속 발전하고 있어.
수억 년, 수십억 년 동안 1초밖에 차이가
나지 않는 시계들도 만들어지고 있어."

엄청 정확하지?
이런 정확성을 바탕으로
1초를 새롭게 정의해.

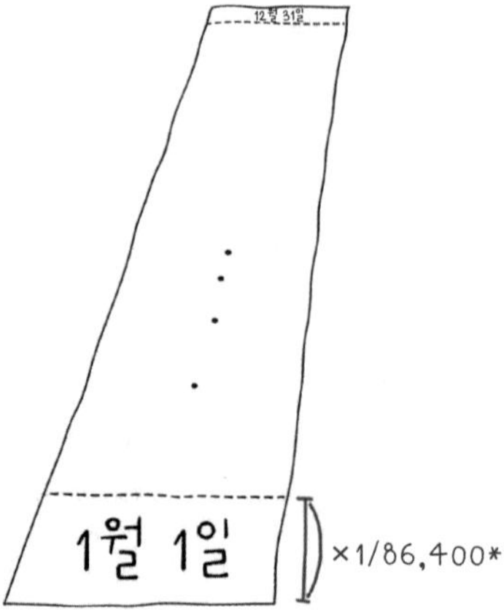

*태양일(1일) = 24시간 = 1,440분 = 86,400초

예전에는 1초를 "평균 태양일의 1/86,400"이라 정의했다.

<지구 자전축의 변화>

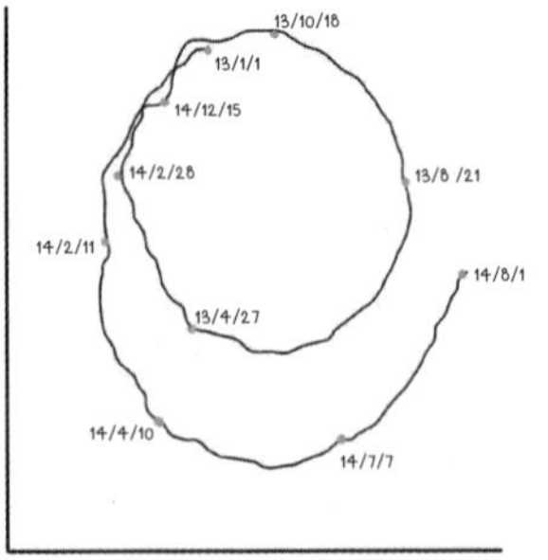

그러나 지구의 자전은 불규칙하다.

<하루의 길이 변화>

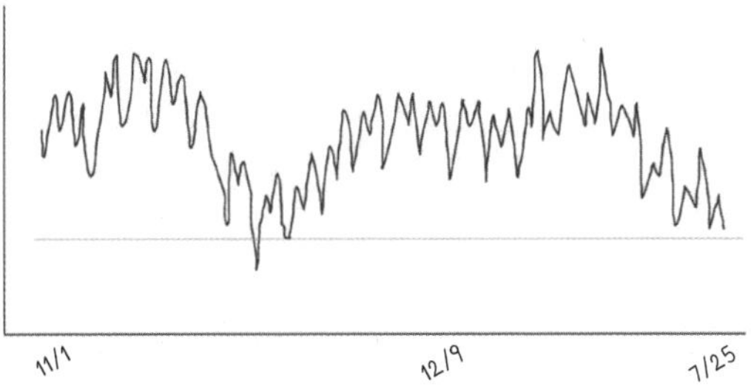

하루라는 시간 역시 조금씩 달라진다.
1초의 시간도 미세하지만 조금씩 흔들린다.

과학자들은 보다 정확하게
1초를 정하고 싶어 했다.

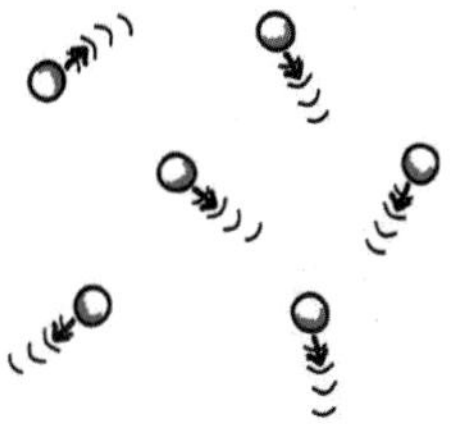

그리고 그것은 바로,
원자의 진동을
이용한 것이었다.

1초란 무엇인가?

1초란 시간은
세슘-133이 9,192,631,770번 진동하는 시간이다.

(국제도량형총회, 1967년)

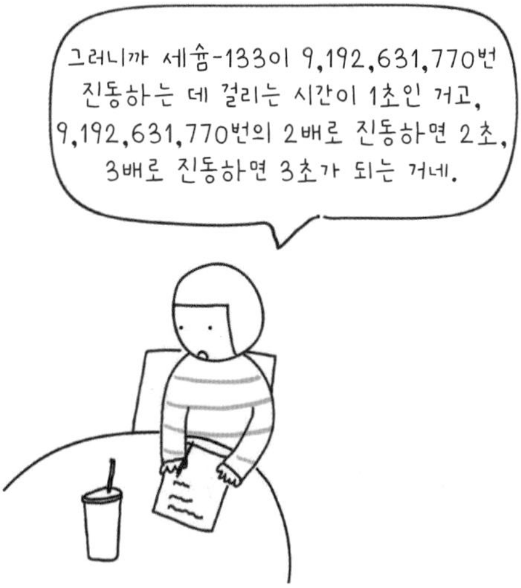
그러니까 세슘-133이 9,192,631,770번 진동하는 데 걸리는 시간이 1초인 거고, 9,192,631,770번의 2배로 진동하면 2초, 3배로 진동하면 3초가 되는 거네.

24시간

↓

세슘-133이
794,243,384,928,000번 진동하는 시간

아무튼 이런 엄청나게 정확한
원자시계를 갖고 특수상대성이론이
맞는지 실험해보기로 해.

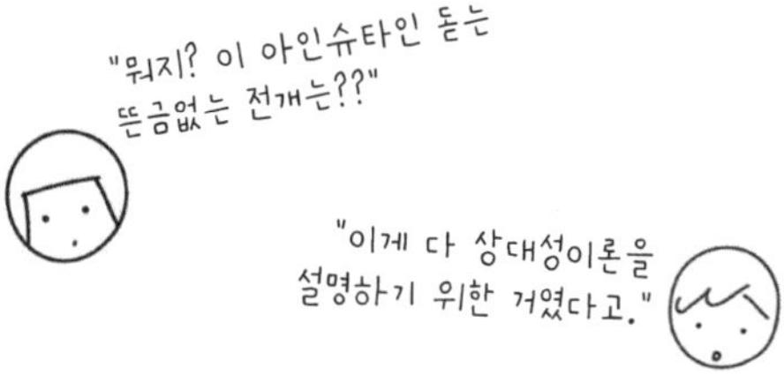
"뭐지? 이 아인슈타인 돋는
뜬금없는 전개는??"
"이게 다 상대성이론을
설명하기 위한 거였다고."

1971년 10월, 세인트루이스 워싱턴 대학의
J.C 하페일과 리처드 키팅은
미국 연구소에서 원자시계 4대를 빌린다.

하페일과 키팅은 비행기에 그 시계를 실은 다음,

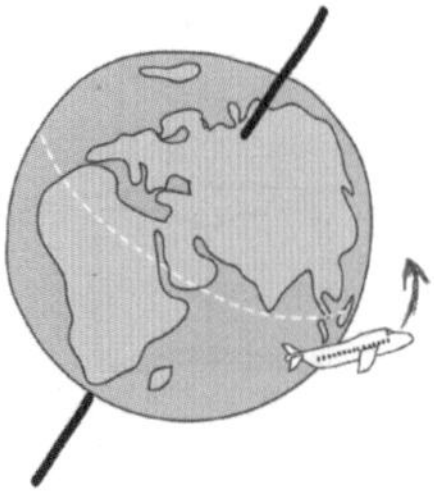

처음에는 동쪽으로

다음에는 서쪽으로
세계를 일주했다.

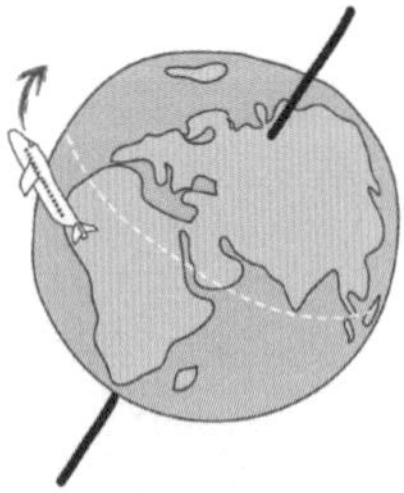

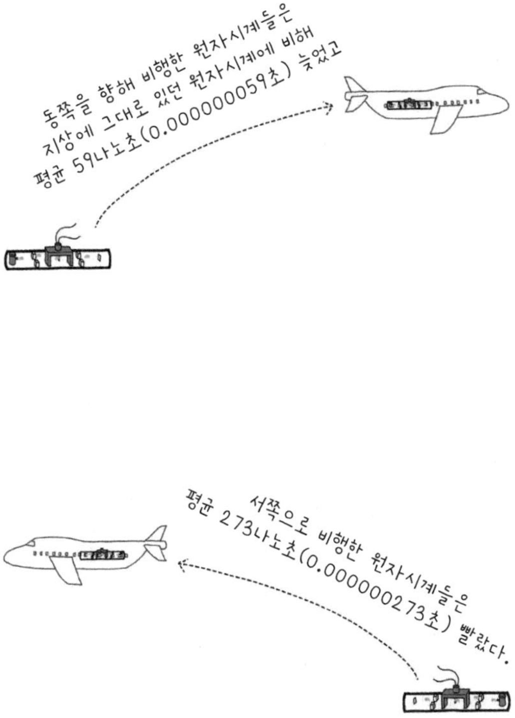
동쪽을 향해 비행한 원자시계들은
지상에 그대로 있던 원자시계에 비해
평균 59나노초(0.000000059초) 늦었고
서쪽으로 비행한 원자시계들은
평균 273나노초(0.000000273초) 빨랐다.

지구의 자전
때문이야.
왜 동쪽으로 비행한 것과
서쪽으로 비행한 시계들의
결과가 다르지?

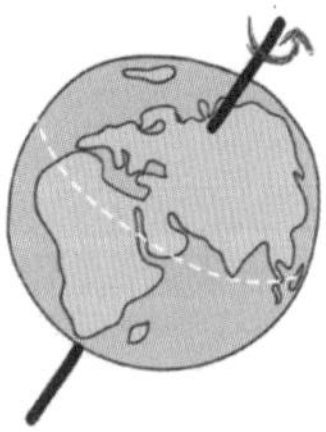

지구는 서쪽에서 동쪽으로 자전하고 있다.

동쪽으로 가는 비행기는
지구의 자전 속력에 비행 속력이 더해진다. + (플러스)

반면 서쪽으로 가는 비행기는
지구의 자전 속력에서 비행 속력이 빠진다. − (마이너스)

예를 들어 지구가 서쪽에서 동쪽으로
시속 1,660km의 속력으로 자전하고
비행기가 시속 800km로 날아가는 경우,
각각의 속력은 다음과 같다.

동쪽으로 가는 비행기

= 자전 속력 + 비행기 속력
= 시속 **2,460km**

지상
= 자전 속력
= 시속 **1,660km**

서쪽으로 가는 비행기

= 자전 속력 - 비행기 속력
= 시속 **860km**

그래서 동쪽으로 비행한 원자시계들은
늦게 간 반면, 서쪽으로 비행한
원자시계들은 더 빨리 간 것이다.

"이 시공간을 넘나드는 전개는 뭐야?
속력이 빠른데, 뭐 시간이 어쨌다고?"

"설마 지금 처음 듣는 얘기라는 건
아니지? 로켓 안에 실은 빛시계
(17화 참조)를 떠올려봐."

"음… 봤던 내용이긴 하네.
그럼 정말 시간이 변한다는 거야?"

그런데 우리는 왜
그걸 느끼지 못하지?

시계가 늦게 간다는 건
무슨 의미지?

18화 끝

19화

다르게 흘러가는 시간

우리가 움직이는 속력에 따라 시간이 달라진다고 했잖아. 그런데 왜 그걸 느낄 수 없는 거지?
"이상하지 않아?"

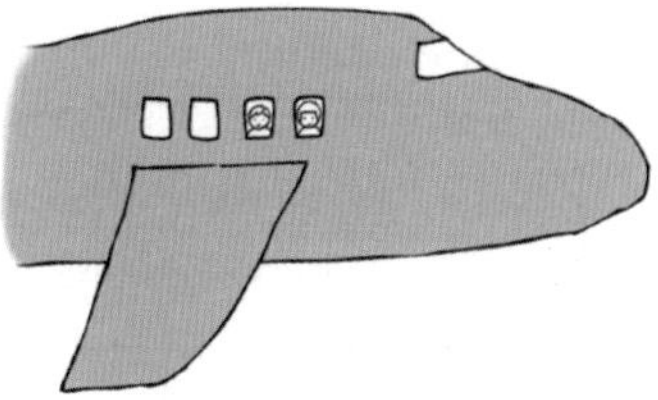

그건 우리가 움직이는 속력이라는 게
빨라봐야 비행기잖아.

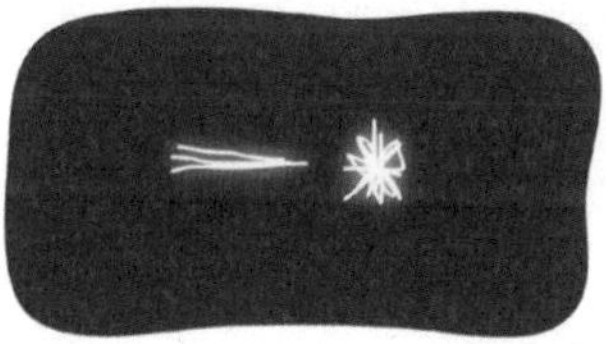

빛의 속도가
초속 30만 km인데

비행기 속력은
초속 0.22km밖에
안 돼.

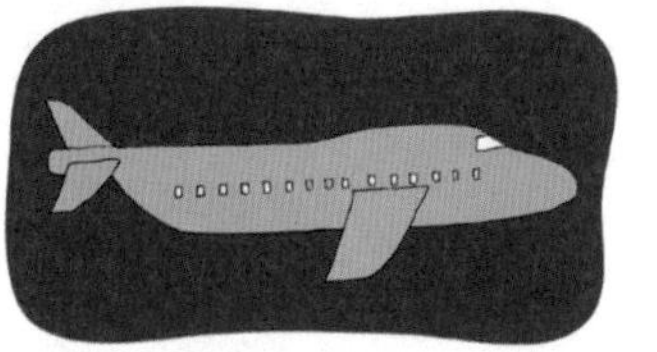

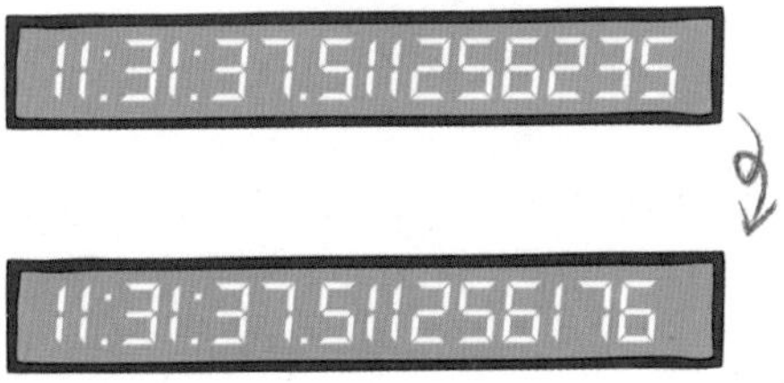

그렇게 움직여봐야
시간이 59나노초 줄어들거든.

우리가 생활하면서 느낄 수 있는
시간 단위가 아니야.
절레절레

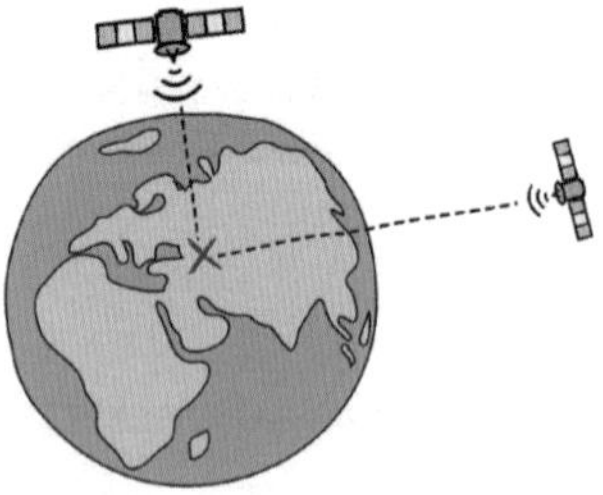

그런데 우리가 이용하는 내비게이션처럼
인공위성을 통해 지구 위치를 측정하는
GPS 위성은 특수상대성이론의
효과를 고려해줘야 해.

GPS 위성은
엄청 빠른 속력으로
움직이고 있거든.

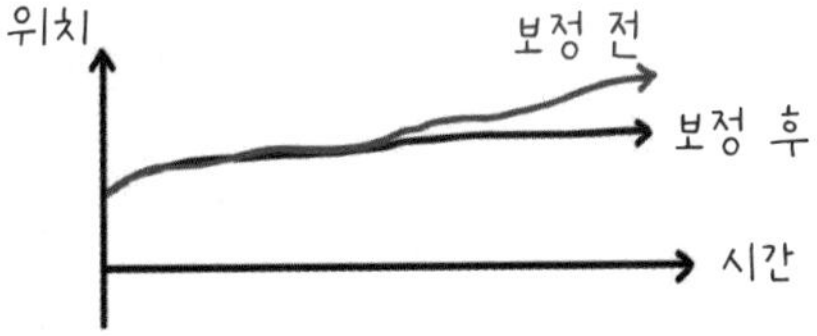
위치
보정 전
보정 후
시간

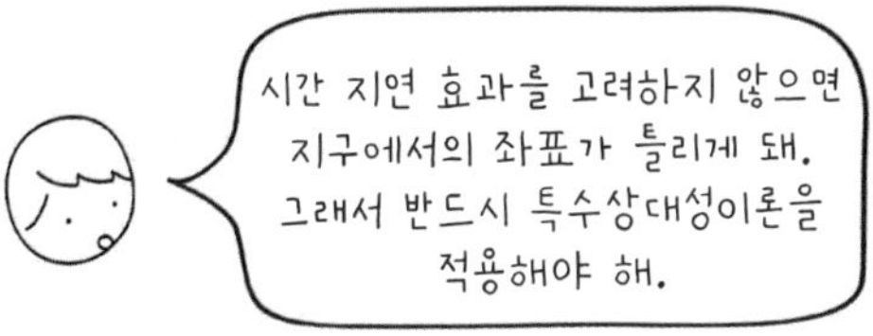
시간 지연 효과를 고려하지 않으면 지구에서의 좌표가 틀리게 돼. 그래서 반드시 특수상대성이론을 적용해야 해.

써먹어야지!

요렇게

"상대성이론인지 뭔지
그거, 나랑 아무 상관도
없는 거 알아 뭐해."
내가 로켓
만들 거도 아니고…
"과연 그럴까? 니가 지금
여기까지 오는 데
사용한 내비게이션!"
"상대성이론으로
보정해주지 않으면
GPS가 너의 위치를
엉망으로 인식해버려서 길을
안내해줄 수 없게 되지."
오오!

쌍둥이가 있어. 한 명은 지구에 있고, 다른 한 명은 빛의 속도에 가까운 우주선을 타고 여행을 갔다 왔어.
몇 십 년 후…
그럼 둘의 나이가 달라지는 거지?
어디서 들은 거 같음

응, 맞아. 20세에
쌍둥이 형이 우주선을
타고 나갔다가
지구로 돌아왔는데,

60세
40세

"지구에서 있었던 쌍둥이 동생은 60세가 되고,
여행에서 돌아온 쌍둥이 형은
40세밖에 안 될 수도 있는 거지."

동생이 40년을 사는 동안
형은 20년을 살았다?
형은 실제로도 20년의
시간을 보낸 거야?
나 옛날부터
이게 궁금했어.

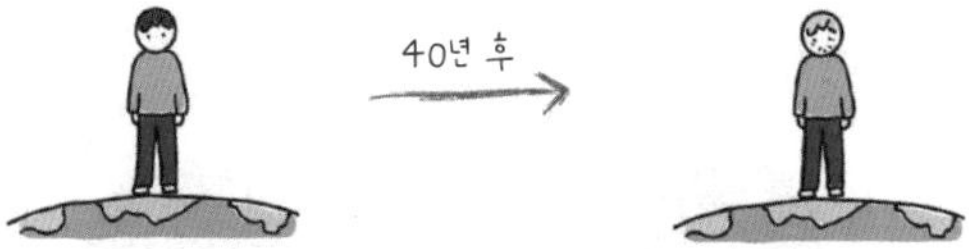
40년 후

동생이 지구에서 40년을 보냈잖아.
그럼 그 40년 만큼의 시간이 흘렀을 거고,
40년 만큼의 신체 노화가 진행되었겠지.

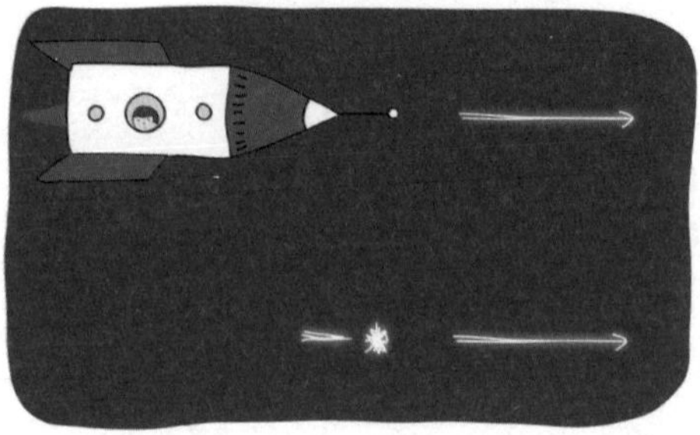

반면, 빛의 속도에 가깝게 비행하는 우주선에서는
손목시계든, 원자시계든, 빛시계든

시간을 측정하면
20년 만큼의
시간이 흐른 거고,

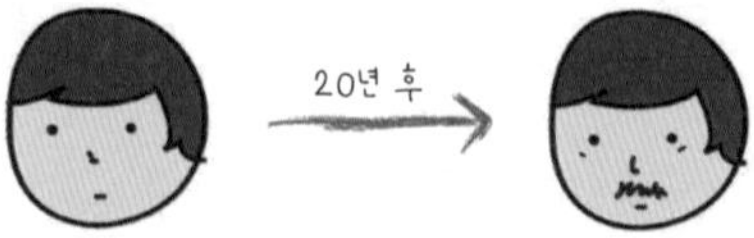

형의 신체도 20년 만큼
노화가 진행된 거야.

"여기까지는 별로 이상할 게 없어."

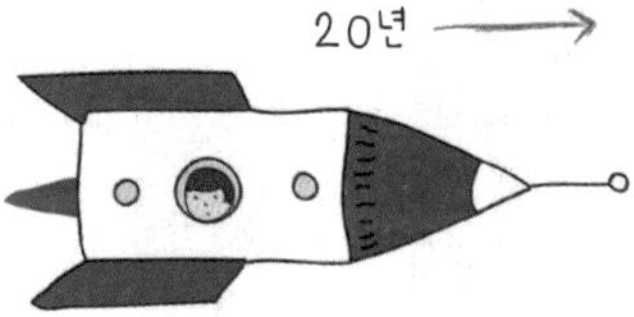

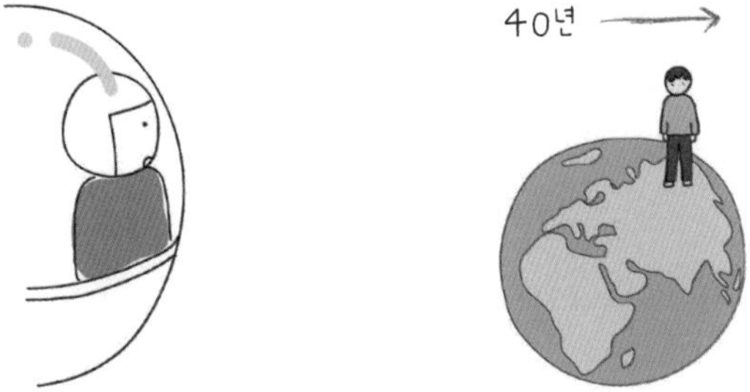

그런데 만약 그들이 서로를 볼 수 있다고 한다면,
(혹은 누군가 그 둘을 볼 수 있다고 하면)
지구에 있는 동생과 우주선에 있는 형의 시간이
다르게 간다는 걸 볼 수 있어.

이걸 수식으로 설명하면
오히려 간단할지도 몰라.
과연

우주선이 v 속력으로 움직일 때,
우주선에서 1초가 가면
지구에서 흐른 시간은,

$$\frac{1}{\sqrt{1-\frac{v^2}{c^2}}}$$

만약

v=0.8c라면　　1.67초가 된다.

v=0.9c라면　　2.29초가 된다.

v=0.99c라면　　7.09초가 된다.

v=0.999c라면　　22.37초가 된다.

v=0.99999c라면, 223.61초가 된다.

v=0.999999c라면, 707.11초가 된다.

v=c라면, 무한대가 된다.
즉, 시간이 흐르지 않는다는 의미다.

19화 끝

20화

시간 여행

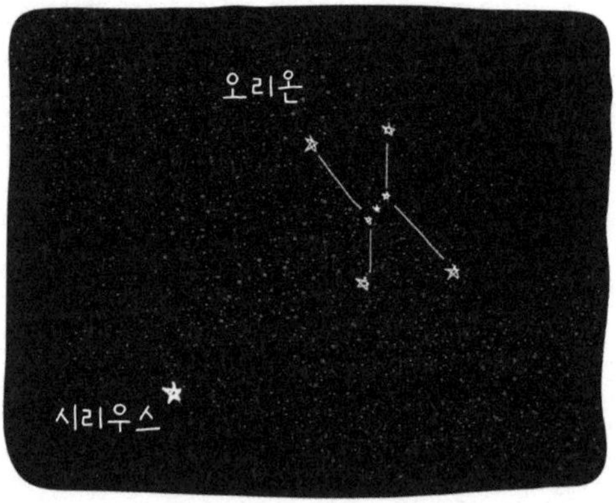

오리온 자리 왼쪽 아래에
지구에서 볼 수 있는
가장 밝은 별(태양계 행성 제외)이 있다.
시리우스다.

지구에서 시리우스까지의
거리는 8.6광년

빛의 속도로 8.6년을 달려야 갈 수 있는 거리다.

1광년은

빛의 속도(약 초속 300,000km)

× 365 × 24 × 3,600
(일/년) (시간/일) (초/시간)

=9,460,800,000,000km

약 9조 5000억 km!

감조차 오지 않는 거리…

시리우스까지의 거리는
거기에 8.6배 거리이다.

81,362,880,000,000km.
약 81조 km.

81조 km를 여행하고
우리 눈에 들어와 비치는
시리우스의 별빛

이 거리를 빛의 속도의 80%로
날아가는 우주선으로 간다고 해보자.
10.75년이 걸린다.

$$\frac{8.6\text{년}}{0.8}$$

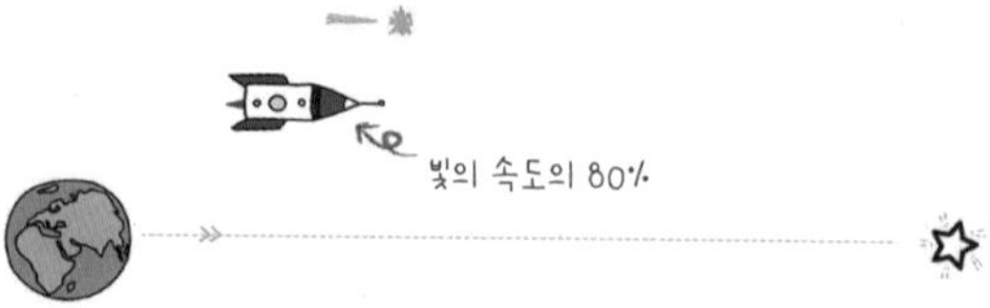
빛의 속도의 80%

그런데 지구와 우주선의 시간은 서로 다르다고 했잖아. 지구에서 10.75년이 흐르는 동안 우주선의 시간은 6.44년이 흘러.
왜냐면…
v=0.8c인 경우 우주선에서 1초가 가는 동안 지구에서는 1.67초가 지나거든.

응 뭐, 그런
얘기가 있었지.

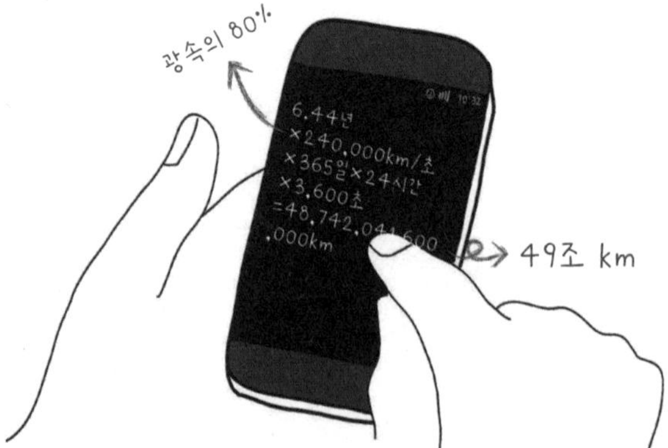
광속의 80%
6.44년
×240,000km/초
×365일×24시간
×3,600초
=48,742,041,600
,000km
49조 km

지구에서 시리우스까지의 거리는 81조 km인데, 광속의 80%인 우주선으로의 거리는 49조 km가 돼.
"뭐, 뭐라고?"

움직이는 물체에게는
두 지점의 거리가 짧아진다.

움직이면
시간은 느리게 가고
거리는 짧아진다고?
내 입으로는 말하고 있지만
무슨 소리인지 참.

광속의 99.9%의 속력을
내는 우주선
"그렇지. 만약 우주선이
0.999c(광속의 99.9%)의
속력까지 낼 수 있다면,

"시리우스까지는 0.48년,
반 년밖에 안 걸려."

10.75에서
22.37을 나눈 값

이건 어디서
튀어나왔냐고?

"빛의 99.9%의 속력으로 움직이는
우주선에서 1초가 흘렀을 때,
지구에서는 22.37초가 흐르지."

19화 마지막
부분을 봐봐.

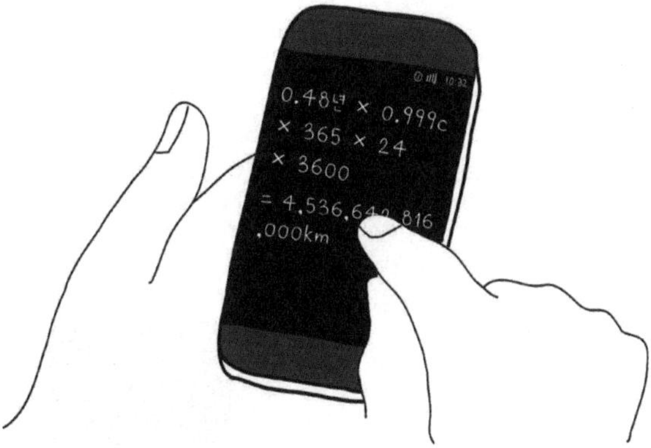
0.48년 × 0.999c
× 365 × 24
× 3600
= 4,536,642,816
,000km

그리고 거리는 4,536,642,816,000km
(약 4조 5000억 km)가 돼.

엄청나게 줄어들지?

안드로메다
초특가 항공권
편도 4박 5일!
마일리지 적립 가능
광속에 엄청나게 가까워지면, 우리는 250만 광년 떨어진 안드로메다 은하까지도 단 며칠 만에 갈 수 있어.
정말, SF 같은 이야기네. 그럼 정말 광속에 가깝게 비행해서 며칠 만에 안드로메다에 갔다고 쳐. 그럼 지구의 시간은 어떻게 돼?
안드로메다
초특가 항공권
편도 4박 5일!
마일리지 적립 가능

250만 년이 지나지.
다시 며칠 뒤 안드로메다를
출발해 지구로 돌아오면,
지구는 처음 출발할
때보다 500만 년 뒤가 돼.

2018
102018
2102018
122102018

시간 여행이네.
미래로 가는 시간 여행.

응, 상대성이론에 따르면
우리는 미래로 갈 수 있지.
그러나 과거로 갈 수
있는 방법은 없어.
과거
미래

과거로는 못 가는 거야?
아쉽다! 난 미래보다는
과거로 가고 싶은데.
많이도 말고
딱 일주일만.
로또만 콱
찍고 오는 거지.

20화 끝

Scienstagram

아인슈타인

좋아요 13k개

아인슈타인 누가 나 몰래 이런 사진 찍으래
#근데내가봐도핵멋진내자신

보어 멋지군요
#근데설정인거다티남요

↳ 아인슈타인

맥스웰 멋지십니다. 다음에는 영상으로 올려주세요.

↳ 아인슈타인 맥스웰 선생님이 댓글을 남겨주시다니! 영광입니다.

파인만 저도 누가 몰래 이런 사진을 ;;
#자랑인듯자랑아닌자랑같은

누가봐도 설정샷

MATH TEST
A. Einstein
F
CHYMICAL
Nomenclatur
By Mr. Lavois
Aluminium
oxide

4부

세상을 이루는 것들

C^2

21화

에너지란 무엇인가?

아인슈타인의 특수상대성이론에는
가장 유명한 공식 가운데 하나인
$E=mc^2$가 들어 있다.

이 이꼴 엠씨스퀘어

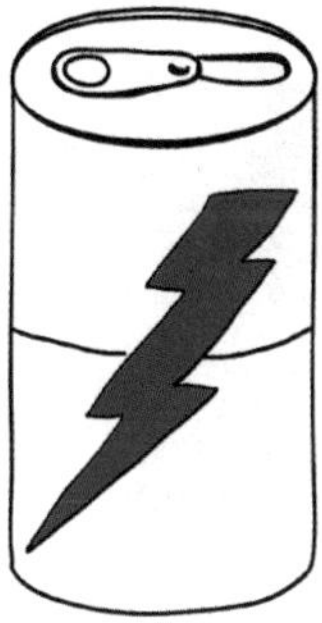

Energy

여기서 *E*는 에너지이다.
에너지란 무엇일까?

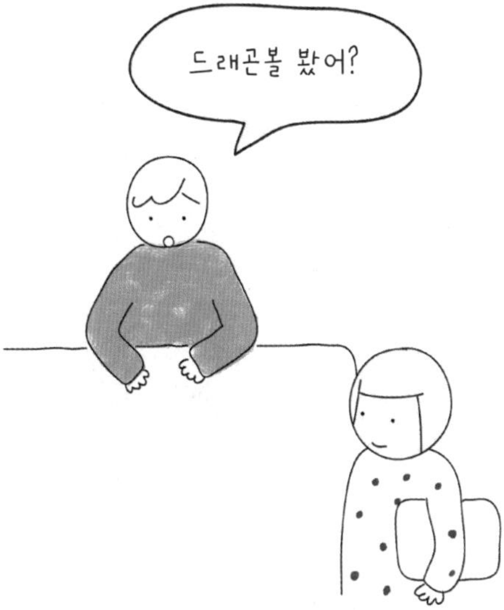
드래곤볼 봤어?

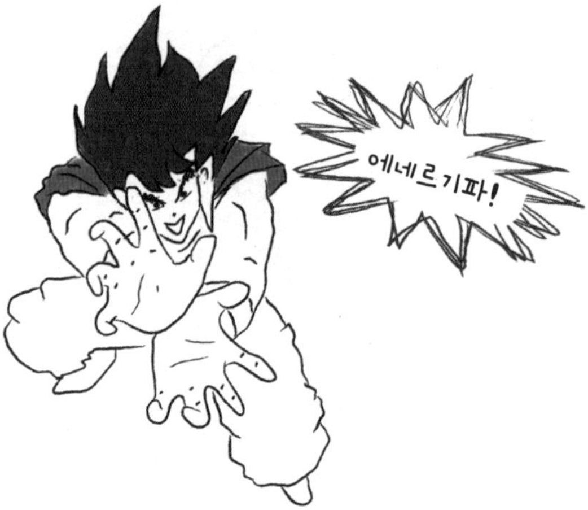
에네르기파!

거기에서 보면 손오공이 에네르기파를
쏘는데, 그게 실은 'Energy'파였어.

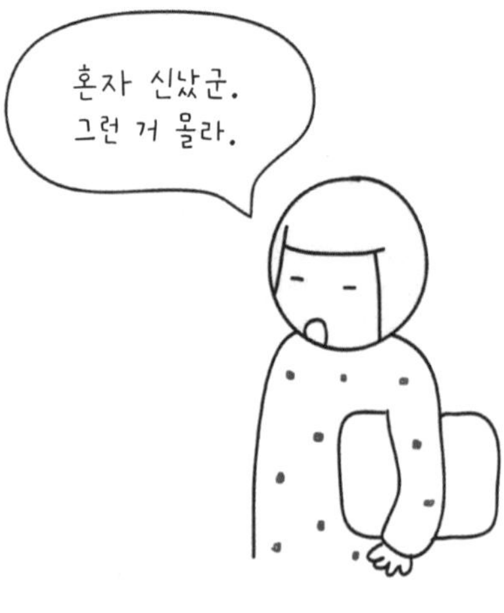
혼자 신났군.
그런 거 몰라.

눈에는 보이지 않지만 세상에는 많은 힘이 있다.

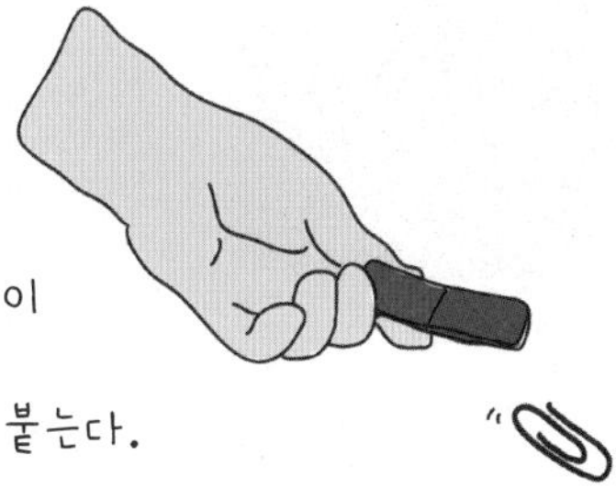

자석을 클립 가까이
가져가면, 클립이
튀어올라 자석에 붙는다.

?
"어? 나는 클립
건드린 적 없는데..."

자석이 만들어낸
무언가가 클립을
건드렸을 거야.

마이클 패러데이
Michael Faraday
(1791~1867)
전자기학에 큰 공헌을 한
영국의 물리학자이자 화학자.

S
N

그는 이를,
자기장(magnetic field)이라 불렀다.

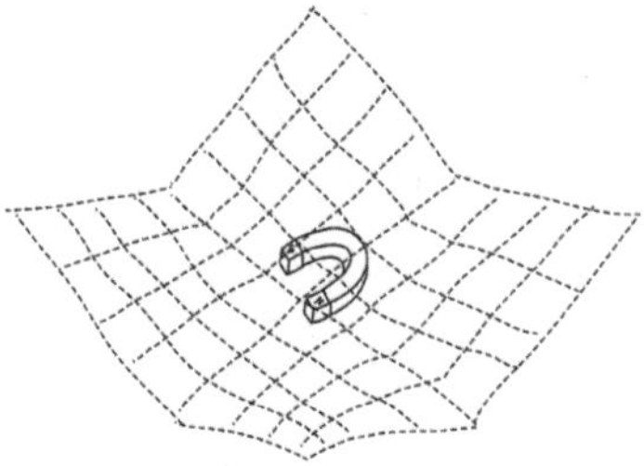

우리는 자석이 만든 장을 볼 수 없고,
들을 수도 없고, 만질 수도 없다.

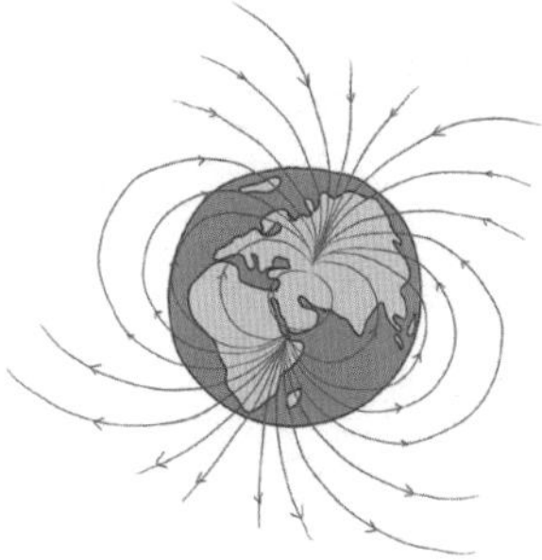

그러나 이는 우리 인간의
몸으로 느낄 수 없는 것일 뿐
자기장은 분명 존재한다.

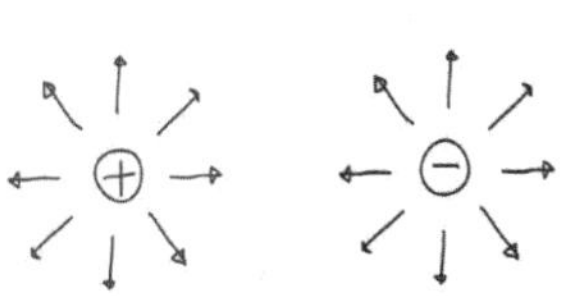

자석만이 아니다.
전하를 띤 입자도 주변에 장을 형성한다.

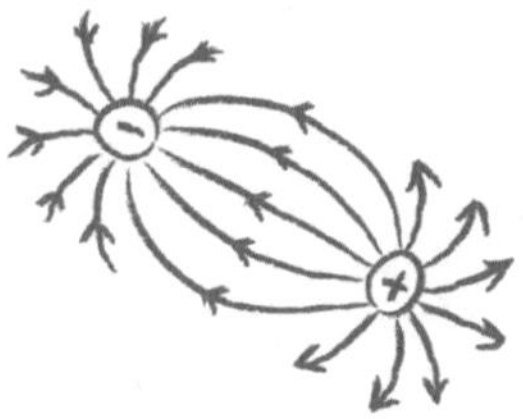

이를 전기장(eletric field)이라 부른다.

모든 물질은
원자로 되어 있고,

원자는 원자핵과
그 주변을 도는
전자로 구성된다.

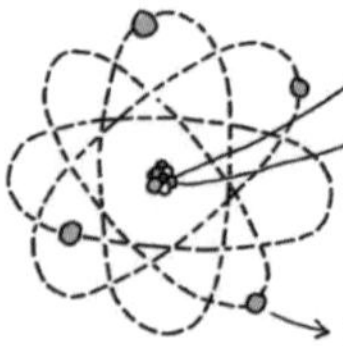

원자핵은 양성자와 중성자로 이루어진다.
양성자는 +전기(양전기)를 띠고, 중성자는 중성,
원자핵을 도는 전자는 -전기(음전기)를 띤다.

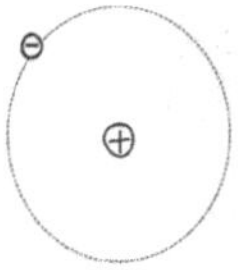

수소

수소 원자는
양성자 한 개와
전자 한 개로 이루어진다.

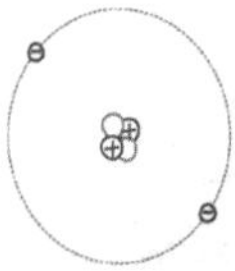

헬륨

헬륨은
양성자 두 개와
전자 두 개.

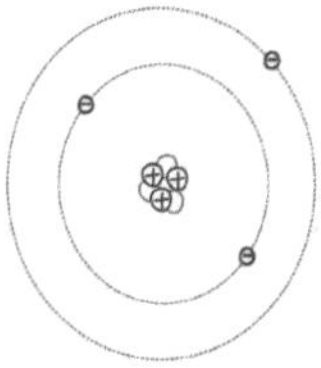

리튬

리튬은
양성자 세 개와
전자 세 개.

원자는 평소에는 양성자와
전자의 수가 같아 전기를 띠지 않는다.

그런데 두 물체를 마찰시키면 전자가 움직여
한 쪽 원자에서 다른 쪽 원자로 이동하기도 한다.

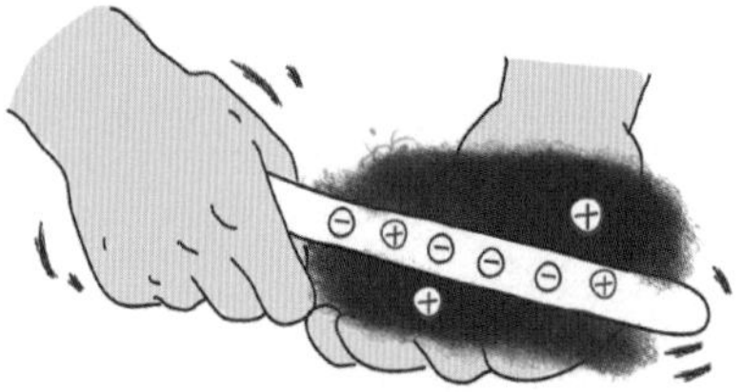

그때 전자가 적은 쪽은 +전기를 띠게 되고,
전자가 많은 쪽은 -전기를 띠게 된다.

우리가 보통 정전기라 부르는 것은
마찰에 의해 쌓여 있던 전기가
한 번에 통하며 발생하는 것이다.

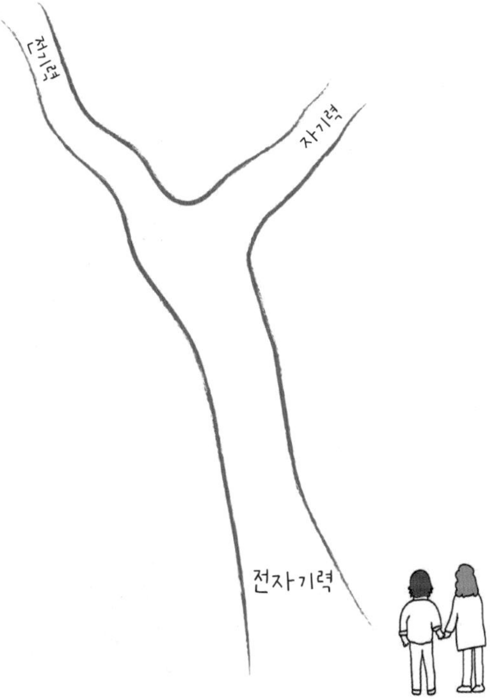

전기와 자기는 서로 전혀 다른 힘처럼 보이지만,
패러데이와 맥스웰은
그 둘이 실은 같은 힘이라는 걸 밝혔다.

전기장의 변화로, 자기장이 만들어지고,
자기장의 변화로, 전기장이 만들어진다.

우리 주변을 둘러보면,

불을 밝히는 힘

바람이 부는 힘

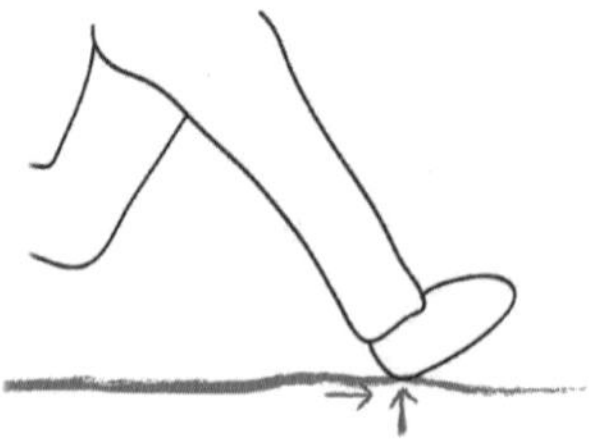

사람이 달리는 힘

번개가 치는 힘

세상에는 여러 힘들이 있는 것 같지만

어쩌면 이런 힘들은 하나의 힘일지 모른다.

21화 끝

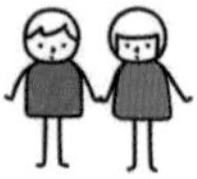

22화

질량이란 무엇인가?

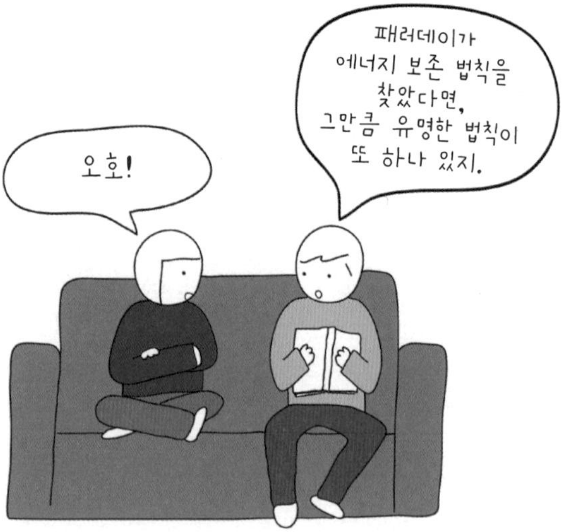
패러데이가
에너지 보존 법칙을
찾았다면,
그만큼 유명한 법칙이
또 하나 있지.
오호!

질량 보존의 법칙!
대단한데?
아직 녹슬지 않았네
E=MC²
나 물리Ⅱ 선택했다니까.
"이건 화학인데?"
?

질량 보존의 법칙(1789)은
에너지 보존 법칙(1840)보다
반세기 먼저 발견되었다.

발견자는
근대 화학의 아버지라 불리는
라부아지에였다.

앙투안 로랑 드 라부아지에
Antoine-Laurent de Lavoisier
(1743~1794)

파리에서 태어난 라부아지에는
1771년 28살에 결혼했다.
배우자는 13살의 마리 폴즈였다.

세금 징수 일을 하던 라부아지에는
직장 상사인 자크 폴즈의 딸이
'어마어마한 부자에다 괴물같이 음침한'
남자와 강제로 결혼할 위기에 처하자
그 아이를 돕기 위해 결혼했다.

뭐?? 라부아지에가
그렇게나 오지랖이
넓었어?

그렇지만 성공적인 결혼이었나 봐.
마리가 실험 결과를 기록하고,
영어 논문을 번역하는 일을
많이 도와주었대.

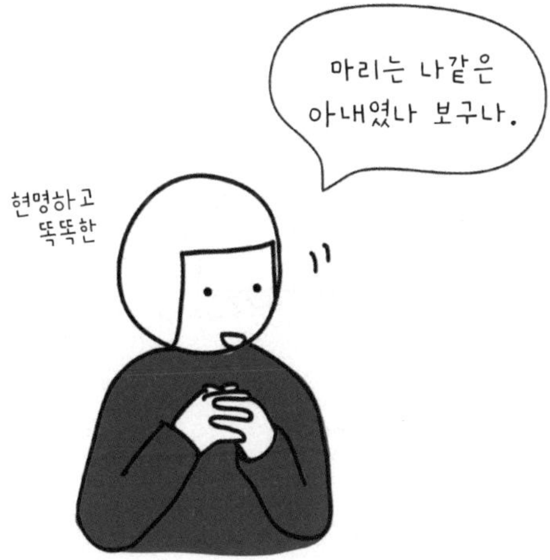
마리는 나같은
아내였나 보구나.
현명하고
똑똑한

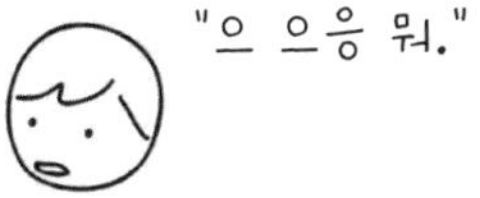
"으 으응 뭐."

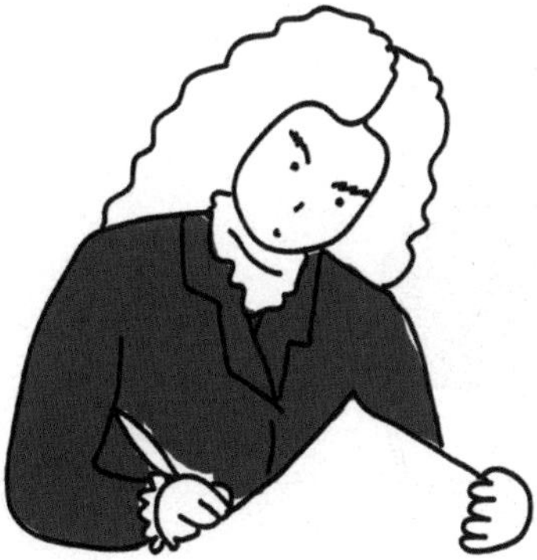

라부아지에는 20년 동안
일주일에 평균 6일을 일했다.

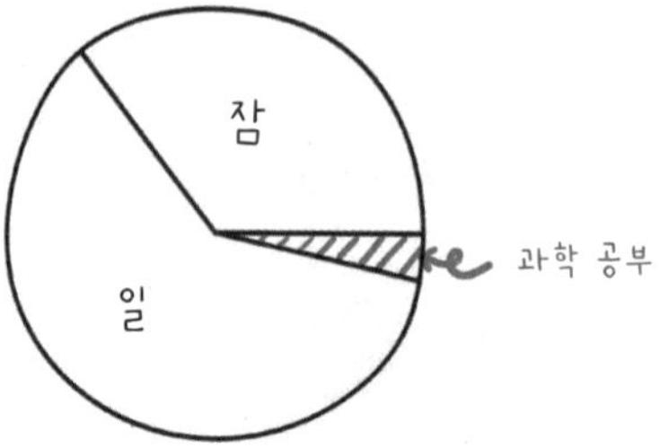

오직 아침 1~2시간과 일주일에 있는
단 하루의 휴일에만 과학에 몰두할 수 있었다.

그는 그날을
'행복의 날'이라 불렀다.

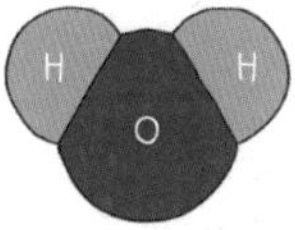

그는 물이 수소와 산소로
이루어져 있다는 것,

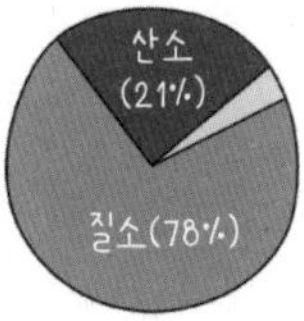

그리고 공기가 산소와
질소 혼합물이라는 것을
알아냈고,

화합물의 이름을
붙이는 법을
체계적으로 정했으며,

물질과 물질이 섞여
새로운 물질을 만들 때
일정한 규칙과
정량적인 법칙이
있다는 것을 밝혀냈다.

그리고 물질이 변화할 때에도
질량은 보존된다는 '질량 보존의 법칙'을 발견했다.

예를 들어 철로 된 못 하나를 녹슬게 한 다음
그 무게를 처음과 비교하면,

더 가벼울까?

똑같을까?

더 무거울까?

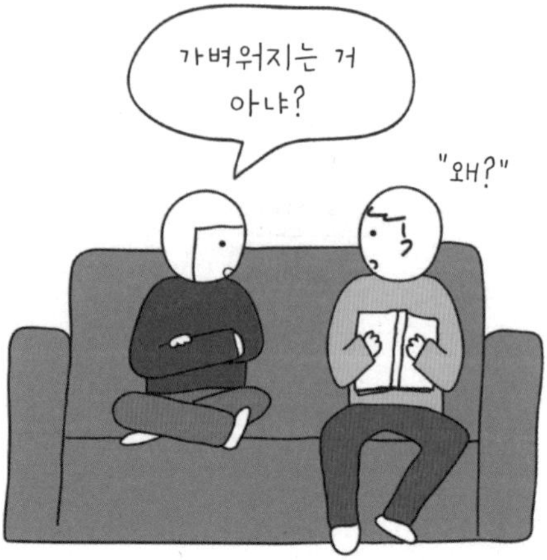
가벼워지는 거
아냐?
"왜?"

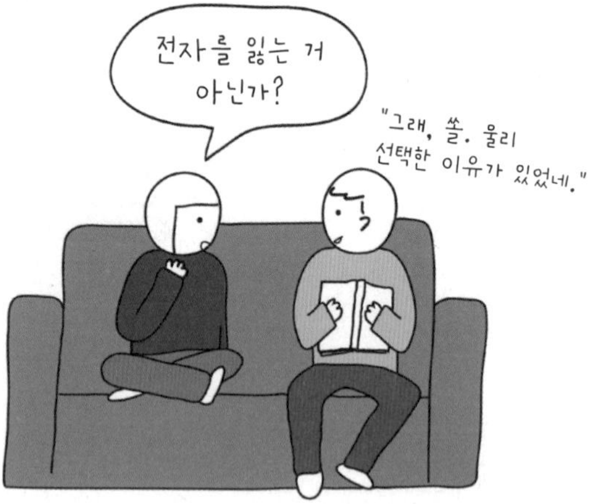
전자를 잃는 거
아닌가?
"그래, 쏠. 울리
선택한 이유가 있었네."

많은 사람들이 가벼워질 거라 생각한다.

그러나 라부아지에는 실제로
확인해봐야 직성이 풀렸다.

결과는 의외로
더 무거워졌다.

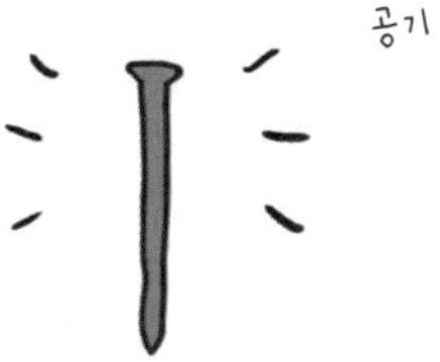

철로 들어온 다른 물질은 없었다.
원인은 오직 공기뿐이었다.

기체로 이루어진 공기의 어떤
성분이 철에 달라붙었고,
그 때문에 더 무거워졌을 것이다.

라부아지에는 정밀한 저울을 사용해
공기와 철의 무게를 측정했다.

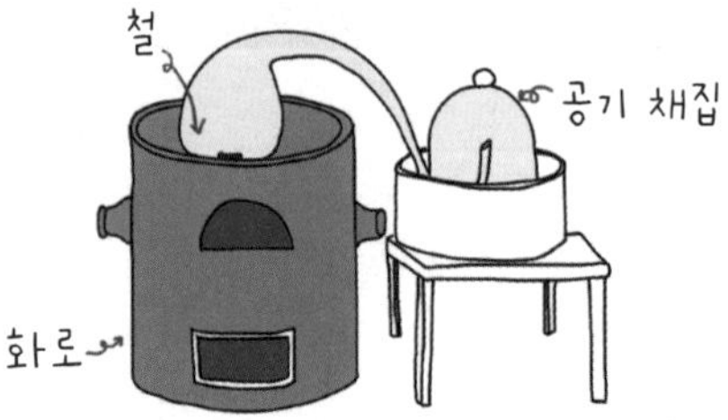

철의 무게가
증가한 만큼

공기의 무게가
줄어들었다.

물질의 형태가 변하더라도
물질이 새로 만들어지거나
사라지는 것은 아니었다.

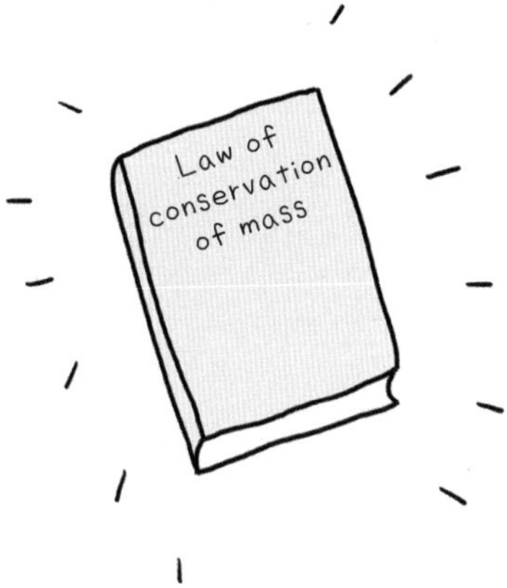

이렇게 질량 보존의 법칙이 탄생했다.

22화 끝

23화

질량 보존과 에너지 보존의 붕괴

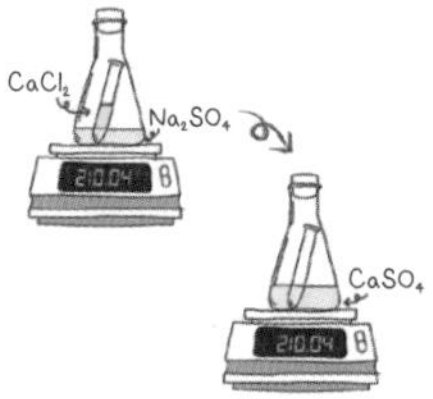

질량 보존의 법칙
- 라부아지에

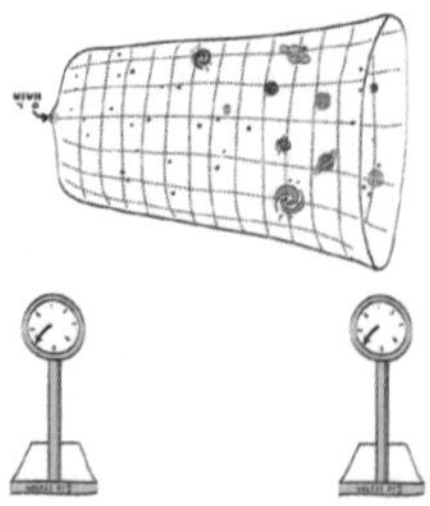

에너지 보존 법칙
- 마이클 패러데이

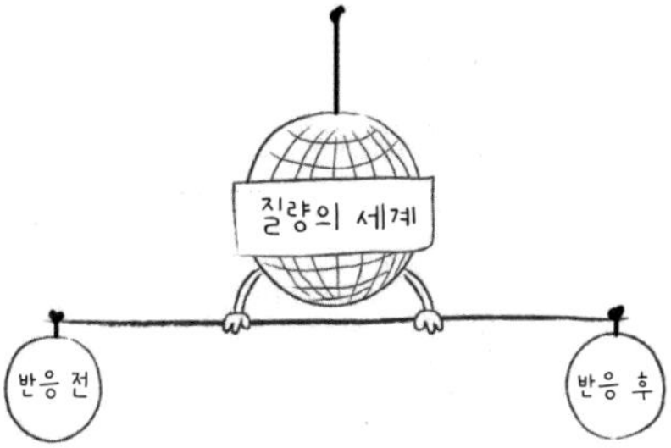

'질량'의 세계는
완벽하게 균형 잡힌 세상이었다.

물질이 쪼개지고, 화학반응으로 물질이 변해도
질량은 변하지 않았다.

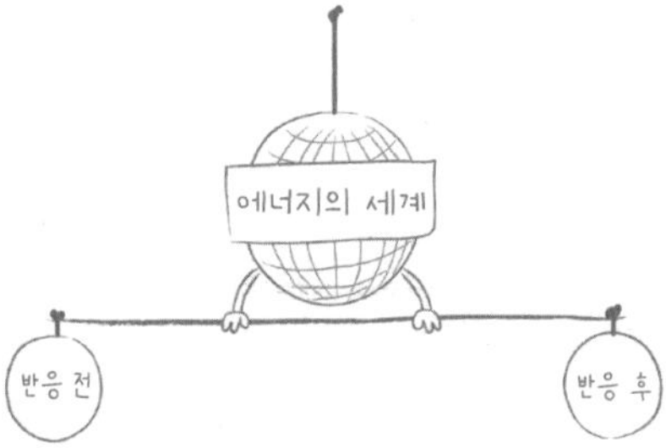

또 다른 세계인 '에너지'의 세계도
완벽하게 균형을 이루었다.

에너지는 전기, 운동, 위치, 마찰, 열과 같이
다양한 형태로 바뀌지만 에너지의 합은 같았다.

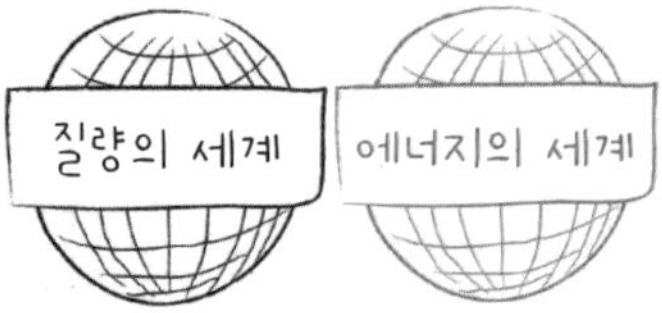

두 세계는 독립되어 있었다.

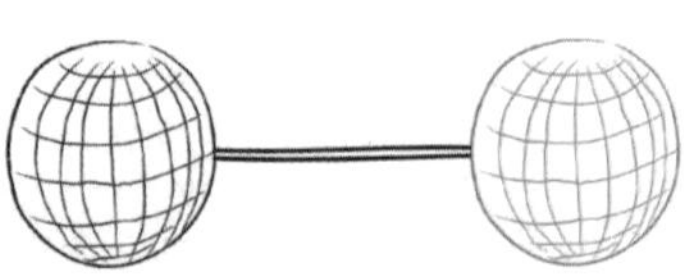

그런데 완벽하게 닫혀 있는 줄 알았던
두 세계를 서로 이어주는 길이 발견된다.

그 길은 우리들이
잘 아는
한 여성 과학자로부터
시작한다.

그녀는 폴란드 바르샤바에서
교사 부부의 딸로 태어났다.
이름은 마리아 스크워도프스카였다.

스크.. 워도프.. 스카?
휴~ 결혼으로 성이 바뀌어서
다행이야. 그렇지 않았으면,
이름을 기억하지도
못할 뻔했어.
응?

그녀는 언니, 브로니아와 함께 파리로
유학을 떠났고, 물리학과 수학을 전공했다.

그리고
여덟 살 연상의
물리학자
피에르 퀴리를 만나
그와 결혼했다.

이제 그녀가 누군지 짐작될 것이다.

마리 퀴리
Marie Curie
(1867~1934)
방사능 분야의 선구자이며,
과학자 최초로
노벨 물리학상과
화학상을 수상했다.

프랑스 소르본 대학(지금은 '파리 제4대학')의
29살 대학원생이었던 마리 퀴리는
당시 새롭게 발견된 '핫'한 물질을 연구했다.

1896년 뢴트겐의 X-선 발견에
영감을 받은 베크렐이 우라늄(원자번호 92)에서
나오는 새로운 선을 발견했다.

사진건판* 위에 올려두었던
우라늄에서 마치 빛이 나온 것처럼
덩어리의 흔적이 사진건판에 새겨져 있었던 것이다.

(* 사진 필름 이전에 사용되었다.)

'훗. 내가 발견했으니
내 이름을 붙여야지.'

그건 X-선도 아니었고, 형광도 아니었다.
그는 그 선을 베크렐선이라 불렀다.

나중에 마리 퀴리가
방사선이라
이름 붙여.
오, 방사선이
퀴리 부인이
만든 단어였다니.

방사성 물질에 관심을 가진 마리 퀴리는
우라늄 말고도 방사선을 내는
다른 물질이 있을 거라 예상했다.

1898년, 퀴리 부부는
새로운 원소를 찾았고
마리의 고국 폴란드를 기념하여
그 원소에 폴로늄이라 이름 붙였다.

같은 해
바륨 추출물에서
또 다른 원소를
발견했고,
이 원소를 라듐이라 불렀다.

퀴리 부부가 라듐 10g을 얻는 과정은
굉장한 노동이었다. 적당한 실험실도 없었다.

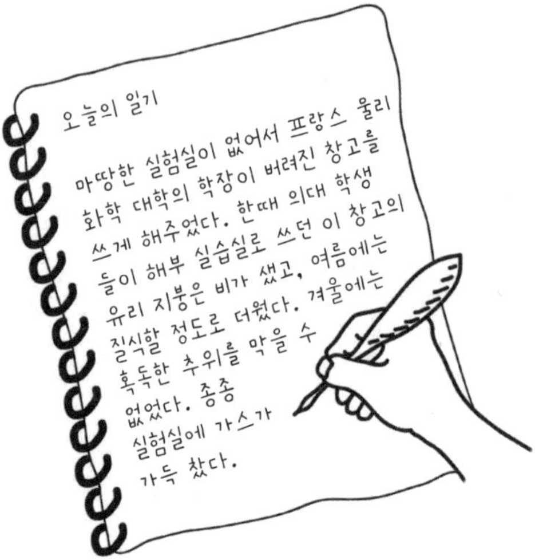
오늘의 일기
마땅한 실험실이 없어서 프랑스 물리 화학 대학의 학장이 버려진 창고를 쓰게 해주었다. 한때 의대 학생들이 해부 실습실로 쓰던 이 창고의 유리 지붕은 비가 샜고, 여름에는 질식할 정도로 더웠다. 겨울에는 혹독한 추위를 막을 수 없었다. 종종 실험실에 가스가 가득 찼다.

<퀴리 부부가 라듐 10g을 얻는 방법>

우라늄 광산

체코슬로바키아
요아킴스탈의
피치블렌드 광산에서

우라늄을 추출하고
남은 찌꺼기 10톤을 확보한 다음

창고 건물에서
큰 가마솥에
광물과 용매를
집어넣고 저어가며 끓였다.

이를 걸러 정제물을 얻고,
이를 또 더욱 정제하여 농축해
마침내 라듐 10g을 얻었다.

"10,000,000g(10톤)으로
10g을 구한 거야?"

1902년 7월이었다. (4년이 걸렸다.)
퀴리 부부는 1903년,
베크렐과 공동으로 노벨상을 수상했다.

23화 끝

24화

주머니에 라듐을 넣고 다닌 여자

"방사능?
'먹는 건가?"
"엄마가 몸에
좋은 거라고 그랬어."

누구도 방사능이 무엇인지
알지 못했다.

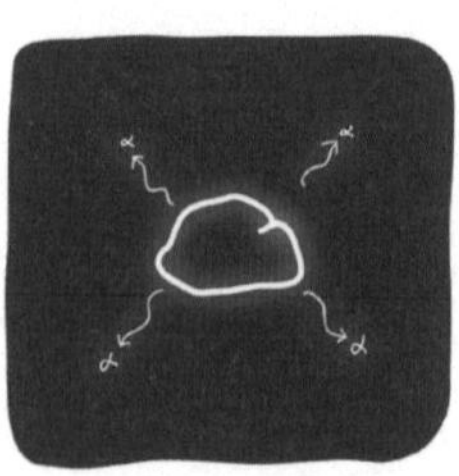

분명 방사능을 통해 에너지가 방출되고 있지만,
어디에서 에너지가 발생하는지 알 수 없었다.

에너지는 아무것도
없는 상태에서 새로
생겨나는 것 같았고,

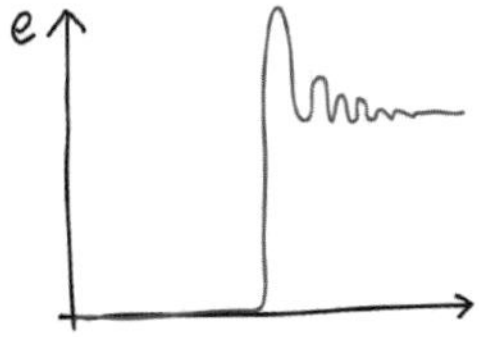
e

에너지 보존 법칙을
따르지 않는 것처럼
보였다.

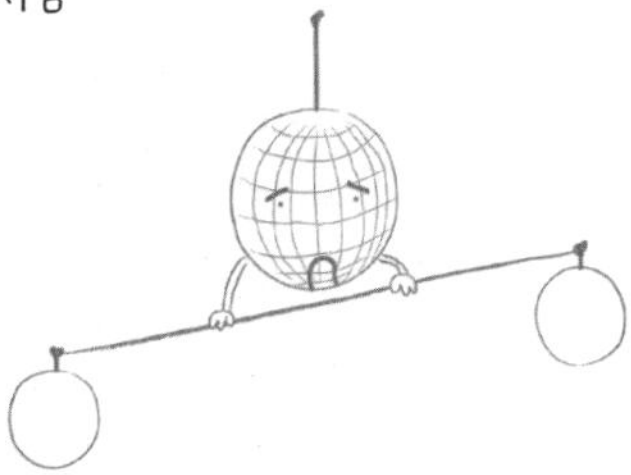

무한 동력이야!!

어떤 사람들은
이것이 영구 운동의
한 형태일지도
모른다고 생각했다.

또 방사능처럼
신비로운 에너지원이라면
몸에 좋을 거라
생각하기도 했다.

치약과 변비약에
방사성 토륨*을
넣기도 하고,

(*원자번호 90)

'방사성 미네랄 온천'이
유행하기도 했다.

'라듐'이 들어갔다고
적힌 화장품은
인기가 대단했다.

불쌍한 마리 퀴리. 결국 방사능 때문에 죽잖아.
방사능이 몸에 좋지 않다는 건 한참 후에야 알려지거든.

심지어 마리 퀴리는
라듐을 주머니에 넣고 다니기도 했다.

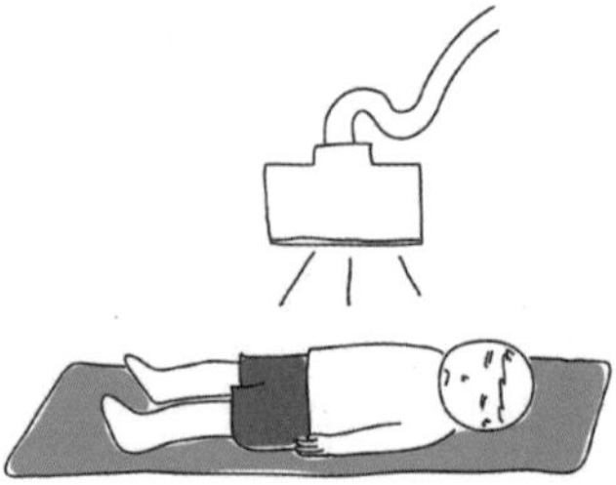

마리 퀴리는
방사능 노출이 심했던 데다,
제1차 세계대전(1914~1918) 당시
다친 병사들을 진단하기 위해
X-선을 많이 사용함에 따라
그 피폭의 영향으로

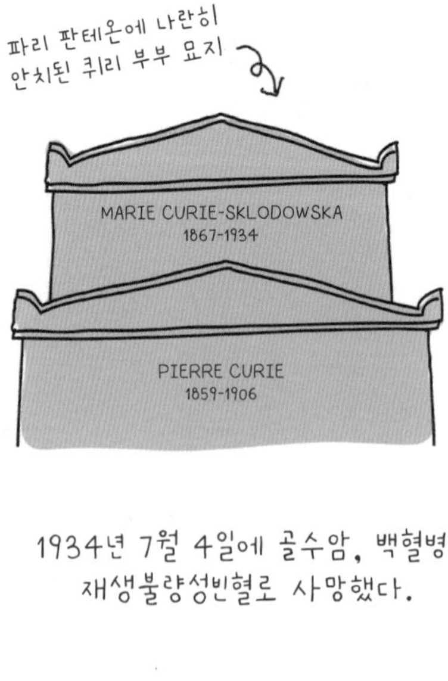

1934년 7월 4일에 골수암, 백혈병,
재생불량성빈혈로 사망했다.

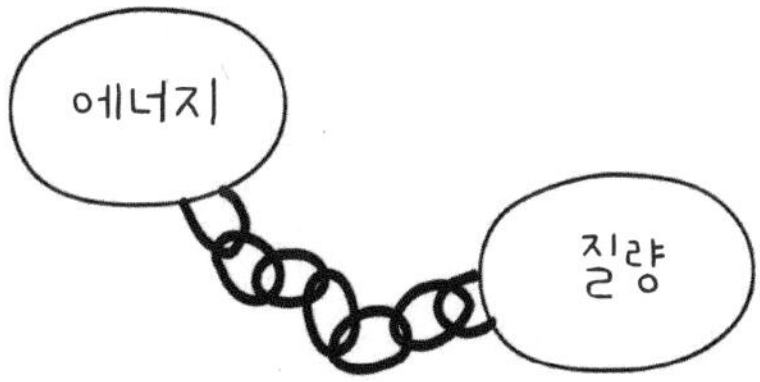

에너지와 질량이 서로
이어진다는 건 놀라운 일이었다.

이를 식으로 표현한 것이 바로
아인슈타인의 $E=mc^2$이다.

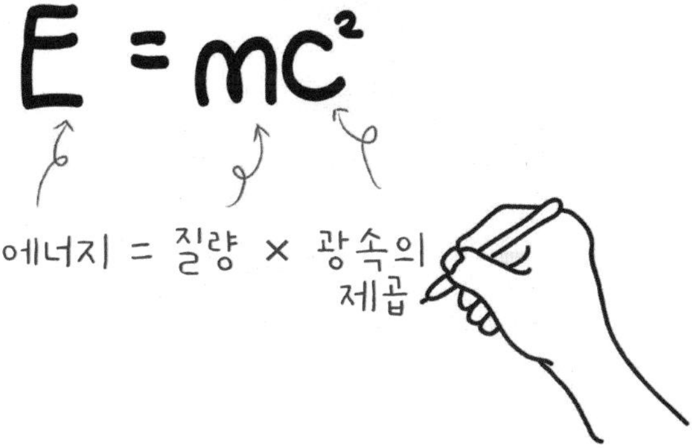

"딱 봐도 엄청난 숫자가
튀어나올 것 같은 느낌."

질량이
에너지로 바뀔 때
무슨 일이 일어나는지
보자.

$$c^2$$

$$90{,}000{,}000{,}000 km^2/s^2$$

질량이 에너지로 바뀔 때 c^2을 곱해주어야 한다.

"24인치니까,
60.96센티미터!"
"흠, 레알?"

마치 인치(inch)를 센티미터(cm)로 바꾸기 위해서는
2.54를 곱해야 하는 것처럼,

CINEMA
화씨 911도면,
섭씨 488*도?
"응, 뭐"
그 계산 결과랑
관련이 있는
내용인지는….
영화 <화씨 9/11>
TWO BIG THUMBS UP!
MICHAEL MOORE
FAHRENHEIT 9/11
IN THEATRES EVERYWHERE

* 화씨 911도 → (911-32) / 1.8 = 섭씨 488도

화씨 온도를 섭씨 온도로 바꾸기 위해서는
화씨 온도에서 32를 빼고 1.8로 나누는 것처럼,

c^2이 바로 그런 환산 인자인 것이다.

예를 들어, 1kg의 물질이 에너지로 바뀌면 90조 kJ(킬로줄)이 되거든.

단위까지 궁금한 사람들은
아래를 참고하자.

$$
\begin{aligned}
& 1\text{kg} \times (300{,}000\text{km/s})^2 \\
&= 1\text{kg} \times (3\times10^8\text{m/s})^2 \\
&= 1\text{kg} \times 9\times10^{16}\text{m}^2/\text{s}^2 \\
&= 9\times10^{16}\text{J}\ (1\text{J}=1\text{kg}\times\text{m}^2/\text{s}^2) \\
&= 9\times10^{13}\text{kJ} \\
&= 90{,}000{,}000{,}000{,}000\text{kJ}
\end{aligned}
$$

(90조 킬로줄)

이게 뭔데?
"음, 1kJ은 0.239kcal이니까…."

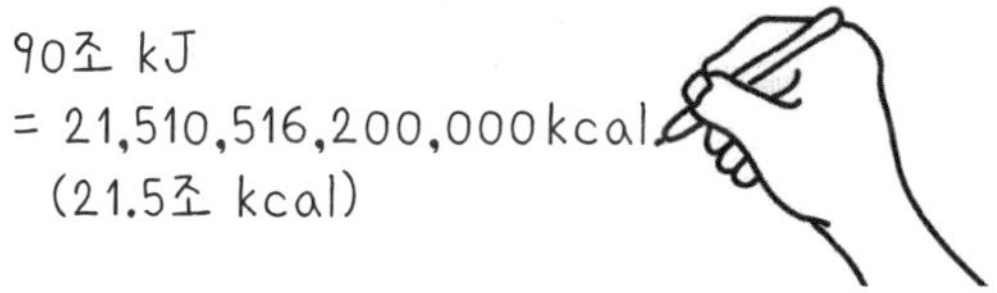
90조 kJ
= 21,510,516,200,000kcal
(21.5조 kcal)

그래서 이게 뭔데?
"음.. 다시 1킬로칼로리가 TNT 0.000001톤이라고 하니까…."

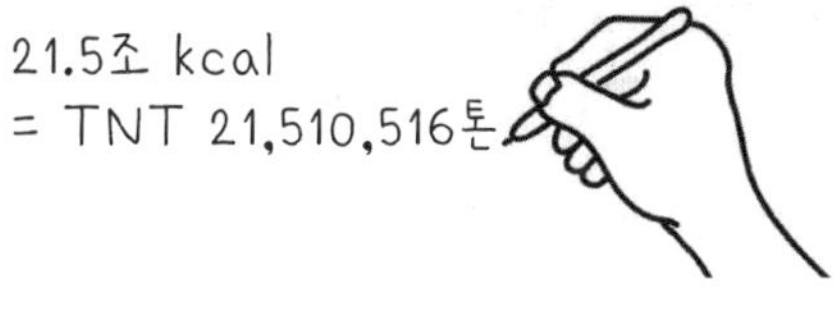
21.5조 kcal
= TNT 21,510,516톤

그래서 이게
뭐냐고?

1kg의 질량이
에너지가 되면
90조 kJ이다, 하면
어느 정도인지 전혀 느낌이
오지 않으니까 뭔가 우리가
알 만한 걸 찾아보려는 거지.
이럴 땐 보통 히로시마
원자폭탄의 위력과
비교해.

제2차 세계대전 때
일본 히로시마에 떨어진 폭탄이
TNT 16,000톤이므로,
이보다 1344배나 크다.

"정말 엄청나네."

"이렇게 하니까
감이 좀 오지?"

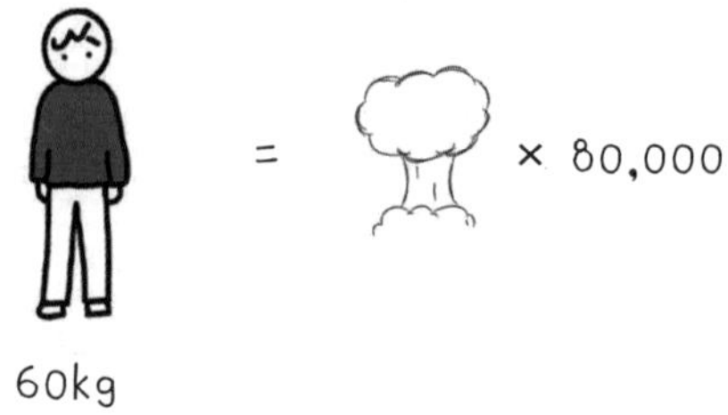

"그럼 보통 60kg 정도의
사람이 전부 에너지로 바뀌면
히로시마 원자폭탄의
8만 배쯤 되는 거야!"

"조그만 무게에도 그렇게
많은 에너지가 담겨 있다니.
이 세상 모든 존재는 엄청난
에너지들로 이루어져 있구나!

에너지 보존 법칙, 질량 보존의 법칙은
이제 더 큰 하나의 법칙이 되었다.

질량-에너지 보존 법칙

24화 끝

25화

더 이상 나눌 수 없는 존재

고대 그리스

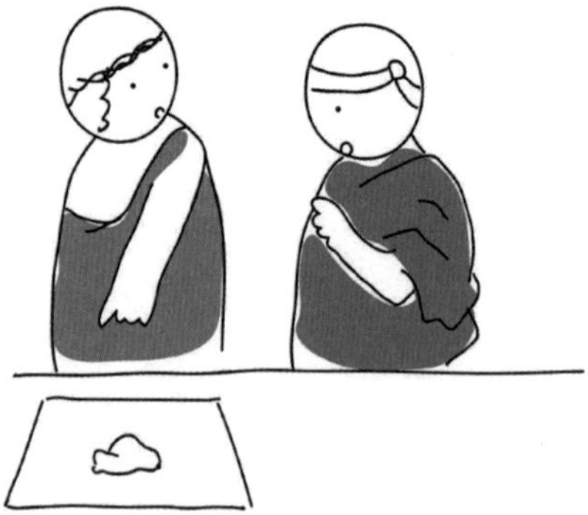

아주 오래전부터 사람들은
물질이란 무엇일까, 궁금해했다.

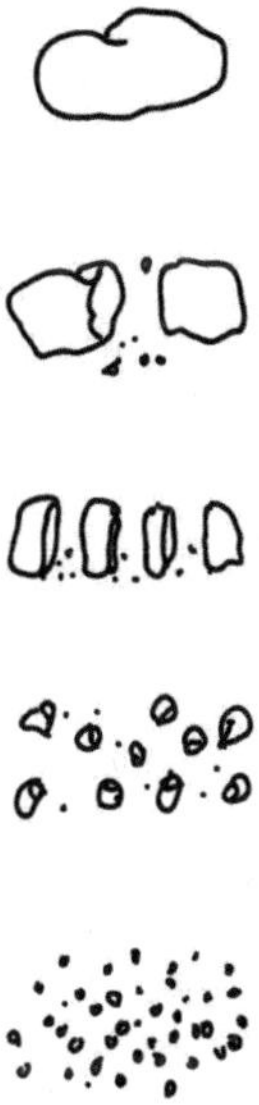

쇳조각을 자른다.
더 작게. 더 작게.

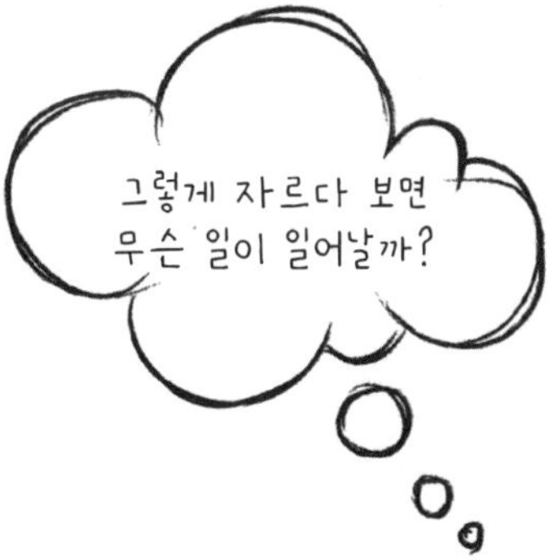
그렇게 자르다 보면
무슨 일이 일어날까?

더 이상 나눌 수 없게
되는 때가 올까?

아니면 끝없이 계속해서
작게 자를 수 있을까?

데모크리토스
(BCE 460년경~370년경)

데모크리토스는 모든 생물을 포함한 만물은
더 자르거나 부술 수 없는 근본 입자들로
이루어졌다고 생각했다.

A tomos

"아니다"라는 접두어 — A

나누다 — tomos

그는 그 궁극의 입자를
'원자(atomos - 고대 그리스어)'라고
불렀다.

"더 이상 나눌 수 없는 존재"
라는 의미다.

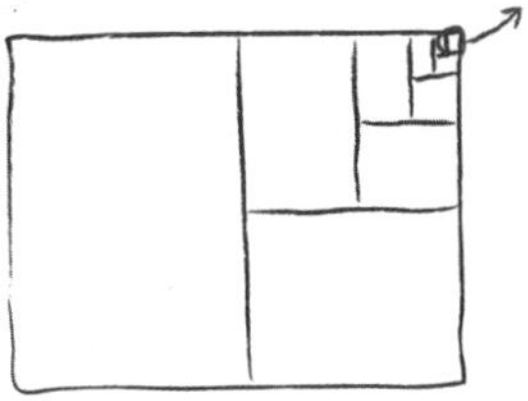

"거 참 말 되는구만!"

물질의 근원은 무엇인가

데모크리토스만이 아니다.
만물의 근원에 대해 철학자들은
한마디씩 했다.

"만물의 근원은 물이다."

탈레스
(BCE 624년경~BCE 546년경)

"만물의 근원은 공기다."

아낙시메네스
(BCE 585년경~BCE 525년경)

"불이 세상의 근원이다."

헤라클레이토스
(BCE 535년경~BCE 475년경)

"불, 물, 공기, 흙이
본질적인 원소이며, 모든 물질은
이 원소들의 합성물이다."

엠페도클레스
(BCE 493년경~BCE 430년경)

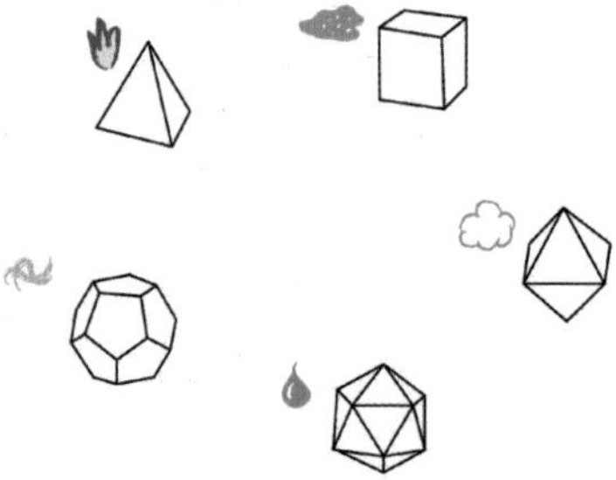

"만물의 근원은 5가지 원소로,
이들은 기하학적인 모양을 지닌다.
불은 정4면체, 흙은 정6면체,
공기는 정8면체, 물은 정20면체로 되어 있다.
그리고 더 근원적이고 완전한 존재인
제5원소, 에테르는
정12면체로 되어 있다."

플라톤
(BCE 427년경~BCE 347년경)

"아, 캡틴 플래닛 기억나네.
땅, 불, 바람, 물, 마음.
5가지 힘을 하나로 모으면~."

"4원소는
4개의 성질을 지닌다.
습하거나 건조하며,
차갑거나 뜨겁다."

아리스토텔레스
(BCE 384~BCE 322)

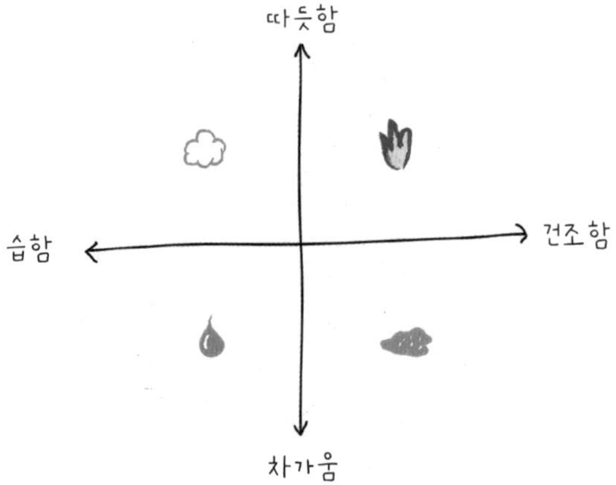

"왠지 그럴싸해
보이는 건 왜일까?"

무거운 원소는
아래로 향하고

가벼운 원소는
위로 향한다.

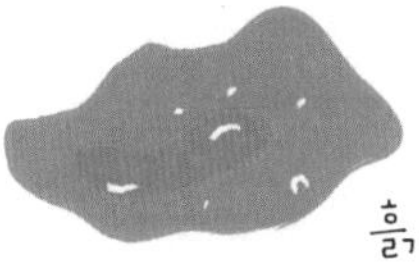

흙과 물은 가라앉는 성질이고,

공기와 불은 솟아오르는 성질이다.

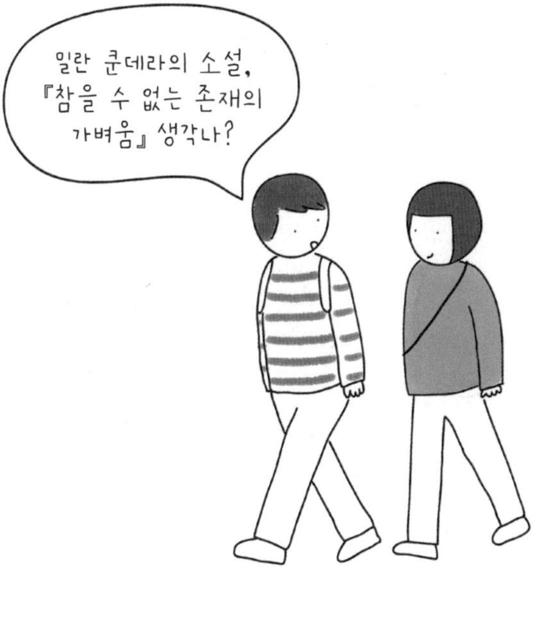
밀란 쿤데라의 소설,
『참을 수 없는 존재의
가벼움』 생각나?

"무엇이 긍정적인가?
묵직한 것인가 혹은 가벼운 것인가?
파르메니데스는 이렇게 답했다.
가벼운 것이 긍정적이고
무거운 것이 부정적이다."
참을 수 없는 존재의 가벼움
"참 사변적이고
현학적이지 않아?"

흠흠
허헛
"직접 해보신 분 있으신가요?"
. . . . . 고요

어떻게 내가 손에 흙을 묻히겠소.

이건 나의 위대한 사고로 도달한 거요.

그렇지? 누구도
해본 적은 없어.
이 사람들 원자를 본 적
없지만 좀 있어 보이려고
얘기했던 거겠지.
지금처럼 정말 원자가
밝혀질 거라는 걸 모르고.

오랫동안 잠자던, '원자'의 개념을
2000년 만에 깨운 사람은
영국의 화학자 존 돌턴이었다.

25화 끝

26화

가장 작은 알맹이와 돌턴

돌턴이 있던 시대에 화학자들은
물질의 화학반응에 대해
많은 사실들을 알아냈다.

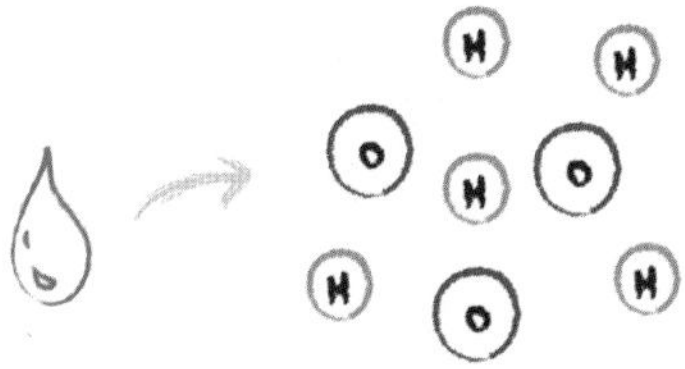

라부아지에는 물이 수소와
산소로 이루어졌다는 것을 알아냈다.

고열을 이용해
수소와 산소를 분리하고,

반대로 수소와 산소 기체를
이용해 물을 만들었어.

물이 하나의 물질이 아니라,

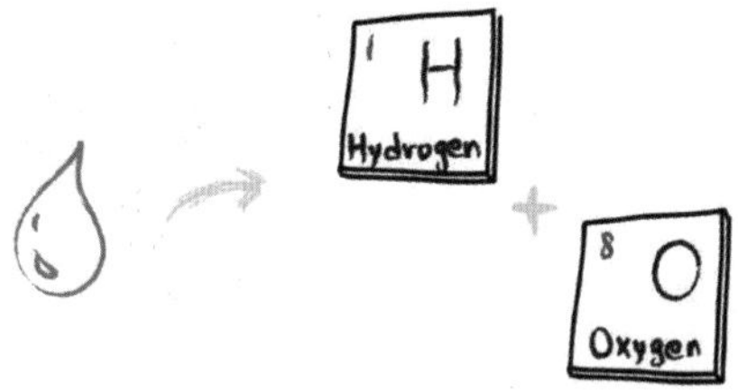

두 물질이 만나 이루어진
화합물이라는 걸 처음으로 밝힌 거지.

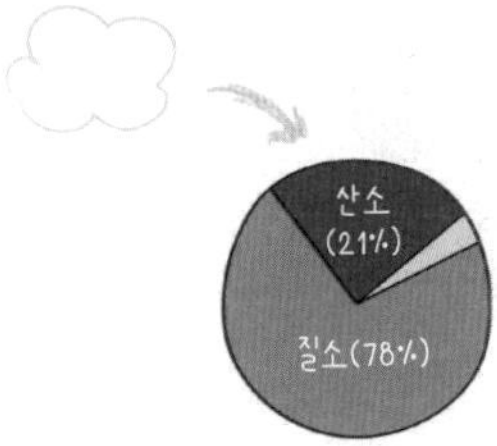

공기가 산소와 질소의
혼합물이라는 것,

물질이 변화할 때에도
질량은 보존된다는 것,

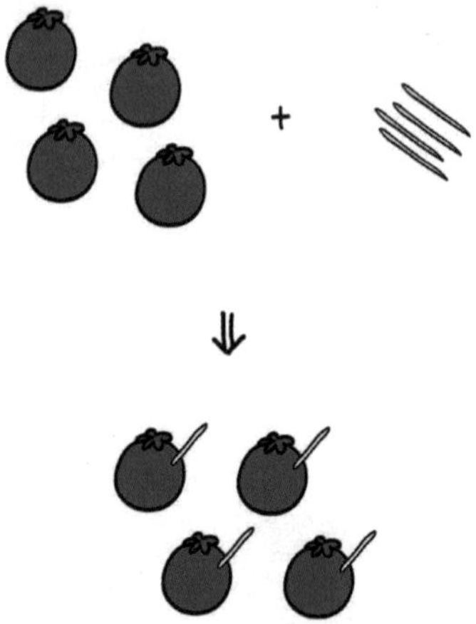

물질과 물질이 섞여 새로운 물질이
만들어질 때 일정한 규칙과 정량적인
법칙을 따른다는 사실도 밝혀냈지.

라부아지에는
화학의 아버지.

조제프 루이 프루스트
Joseph Louis Proust
(1754~1826)
프랑스의 화학자.

1799년, 프루스트는 물질들이 결합할 때에는
질량 비율이 있다고 했다.

"혹시 『잃어버린 시간을 찾아서』를 쓴
마르셀 프루스트(1871~1922)와
관련 있나?"
글쎄…
찾아봐도 안 나오네.

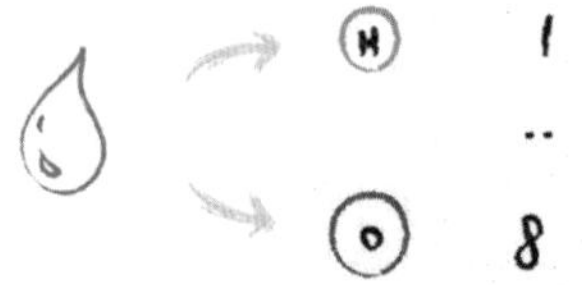

예를 들어, 물이 만들어질 때
수소와 산소의 질량비는 1:8이다.

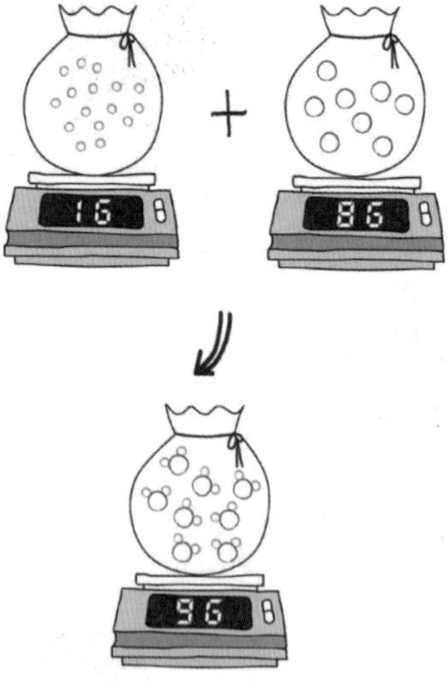

수소 1g과 산소 8g이 결합해
물 9g이 된다.

비율이 항상 일정하다.
이를 '일정 성분비의 법칙'이라고 한다.

존 돌턴
John Dalton
(1766~1844)
영국의 화학자이자 물리학자.

돌턴은 여기에 원자 개념을 도입했다.
물질을 이루는 가장 작은 단위가 있다고
생각한 것이다.

"원자는 아주 작고,

실제로는 이렇게
돋보기로 보이지도 않지.

나눠지지 않고,

불멸의 입자로 유한한
질량과 크기를 갖는다."
- 돌턴

<돌턴이 사용한 원소 기호와 원자량>

돌턴은 가장 가벼운 수소의 질량을 1로 정하고
다른 원자들의 질량비를 구했다.

당시 돌턴은 산소의 원자량을 알지 못하고 물 분자의 구조도 알지 못했어. 지금은 물 분자가 수소 두 개와 산소 한 개로 결합한 H_2O 형태라는 걸 알지만, 당시에는 그게 알려지지 않았거든.

그는 물이 수소 하나와 산소 하나가 결합한 형태라고 봤어.
HO로 생각한 거지.

실제로 물 분자는 H_2O이니까,

수소 2개와 산소 1개의 질량비가 1:8,
즉 2:16이 되려면,

수소 원자량이 1,
산소 원자량이 16이 되지.

원자라는 보이지 않는
세계로 더듬더듬
향해 갔구나….
그렇지. 깜깜한 밤에
전등 없이 물건을
찾는 것처럼.

"아 참, 그리고 돌턴은 색맹이었대."

"색맹을 뜻하는
돌터니즘(daltonism)은
돌턴(Dalton)에서
유래한 단어야."

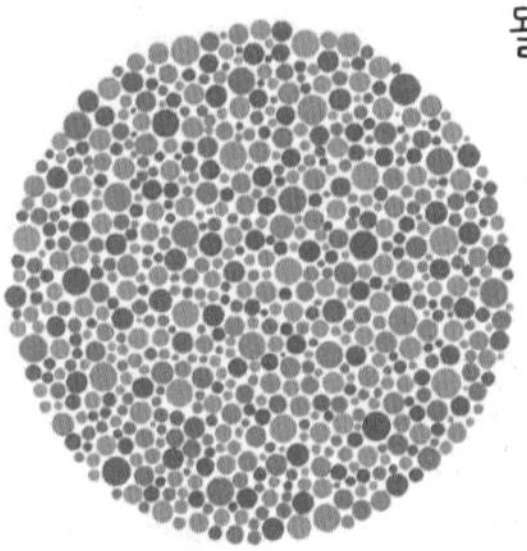

"자신의 눈이 보통 사람들과는
다르다는 걸 깨닫고 색각 장애를
최초로 연구했지."

돌턴은 원자를 주장했다.
그러나 확인되지 않은 가설이었다.

사람들이 원자를 인정하기까지는
그 후로도 100년의 시간이 더 걸렸다.

"진짜? 100년이나 더?"

26화 끝

27화

다시, 브라운 운동

정지 상태의 액체
속에 떠 있는
작은 부유입자
들의 운동에
관하여

1905년, 아인슈타인이
브라운 운동 연구를 통해
원자의 존재를
이론적으로 입증했고,

아인슈타인
말이 맞아요.

3년 뒤 페랭은 이를 실험으로 뒷받침했다.

브라운 운동! 기억난다.
막 꽃가루가 물 위에서
마구잡이로 움직이는 거
연구한 거.
응 맞아!

그때, 아인슈타인이 브라운 운동 연구로 어떻게 원자의 존재를 입증했는지 다음에 알려준다고 했잖아.
그걸 기억하다니!
아, 그랬었나?

음, 공부 좀 하고….

이렇게 한번 보자.

어떤 사람이 한 지점에서
마구잡이로 100걸음을
걷는다고 생각해봐.

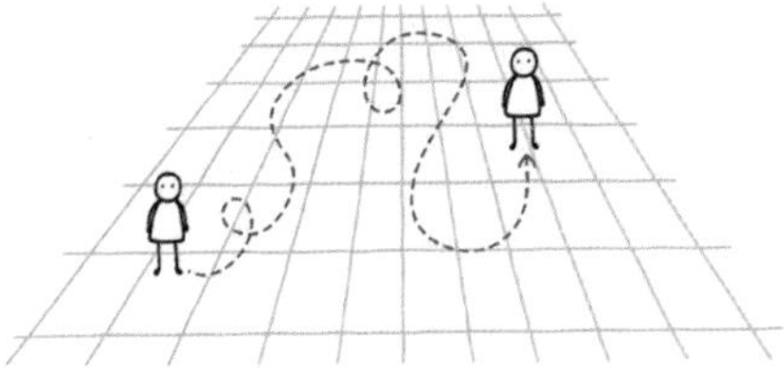

"사방팔방 마구잡이로 100걸음을
걸어 처음 출발했던 바로 그 위치로
돌아올 가능성이 얼마나 될까?"

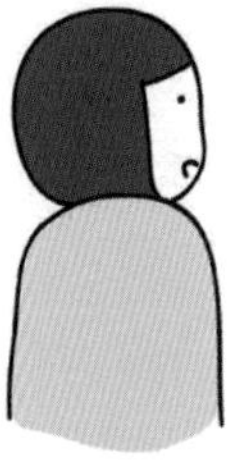
"거의 없겠지?"

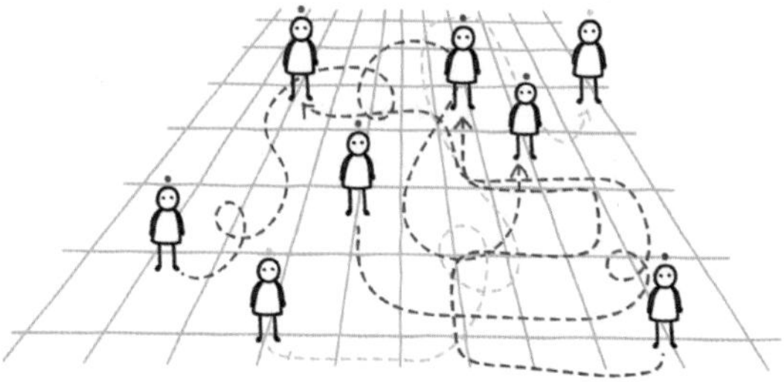

"여러 사람이 100걸음을
걷는다고 생각해봐."

"그들 대부분 100걸음을 걸은 뒤에는
출발 지점에서 어느 방향으로든
조금씩 떨어져 있을 거야."

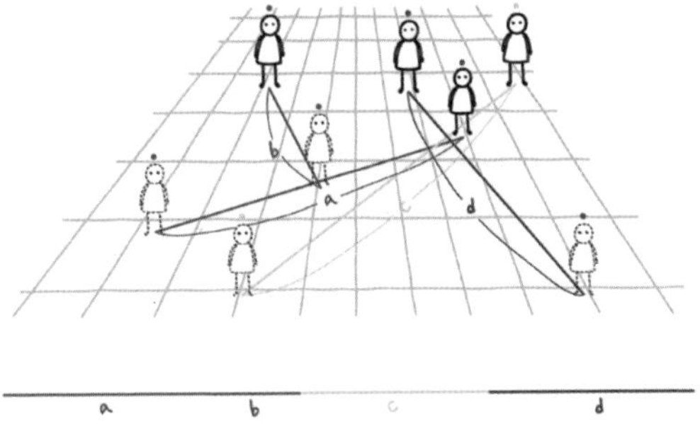
a
b
c
d
a
b
c
d

그 거리가 얼마인지 평균값을 구할 수 있겠지?

응응

자, 그럼 다시 브라운 운동으로 돌아와볼까?

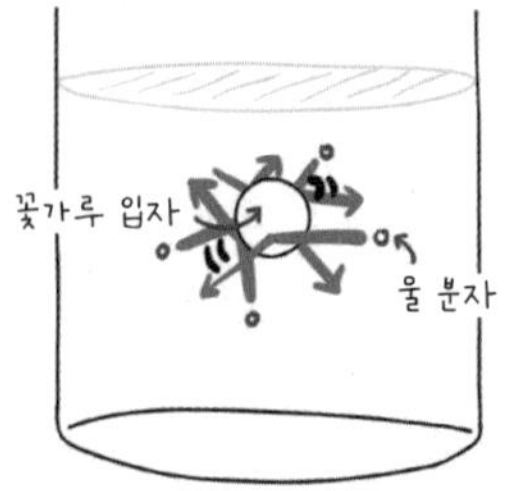

아인슈타인은 물 속의 입자들이
물 분자와 부딪혀 마구잡이로
움직일 것이라고 생각했다.

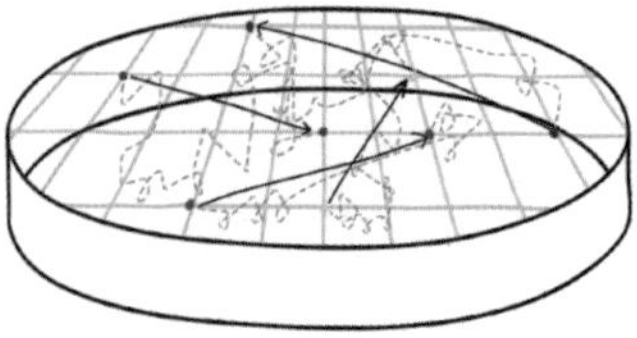

그리고 시간이 지나면 입자들이 출발 지점에서
조금 다른 위치로 이동할 거라
생각했다. 얼마나 이동할까?

엄청나게 복잡한 수학 계산을 마친 후

지름이
0.001mm인
입자들을

섭씨 17도의
물 속에 넣고

현미경으로
1분 동안
입자들을
관찰하면

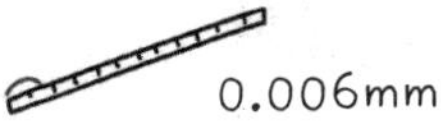

입자들이
이동한 수평거리는
평균 0.006mm가
될 것이다.

페랭은 지름이
0.00106mm인
콜로이드 입자를 이용해
아인슈타인의 예측을
직접 실험해보았다.

아인슈타인의
예측이 옳았다.

그럼 아인슈타인이 예측한 크기의 입자들과 그 입자들을 움직이게 하는 물 분자의 존재가 증명된 거네?
그렇지!

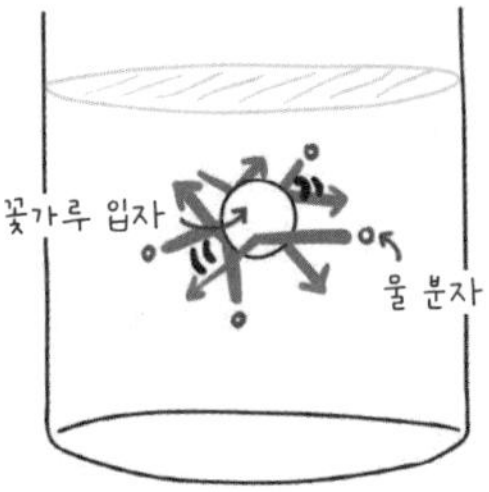

브라운 운동은 물 위에 뜬
꽃가루 입자들이 물 분자에
부딪혀 움직이는 것이었다.

물 분자의 존재가 입증되었다.
이것으로 논란은 끝났다.

분자와 원자는
분명 존재했다.

"볼 수 없던 세계를
증명해보인 거네."

물질의
실체는
무엇인가?

"응, 수천 년간 가졌던
질문에 답을 한 거지."

그러나 과학에는 끝이 없었다.
끝은 새로운 시작이었다.

27화 끝

Scienstagram

마리 퀴리

♡ 좋아요 10k개

마리 퀴리 퀴리 부인이 아니에요. 마리 퀴리입니다.
#21세기도됐는데좀

쏠 죄송합니다. 앞으로 꼭 이름 부를게요. 마리.
#습관이이렇게무섭다 #초딩때읽은위인전의폐해

피에르 퀴리 우리 집사람의 정확한 이름은 마리아 스크워도프스카 퀴리

↳ **마리 퀴리** 사랑해요 여보 #러브스타그램

아인슈타인 마리! 나는 늘 이름을 부른 것 알고 있지요?
#나도천재지만너도천재

↳ **마리 퀴리** 그럼요 알버트! 이번 주말에 별일 없으면 놀러오세요.
#상대성이론얘기하면서놀아요

에필로그

책으로 나온다니,
신기하다.
응응
원고 검토 중

다음 책 주제는
뭐야?

음. 양자역학.
LIGHT
Quantum
Double slit
time

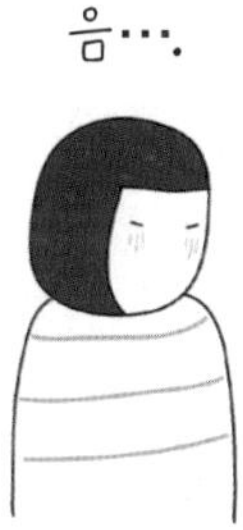
음….

-일년전-

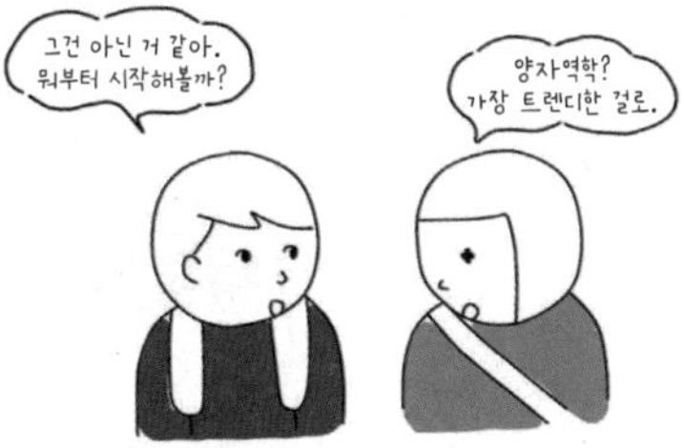
그건 아닌 거 같아.
뭐부터 시작해볼까?
양자역학?
가장 트렌디한 걸로.

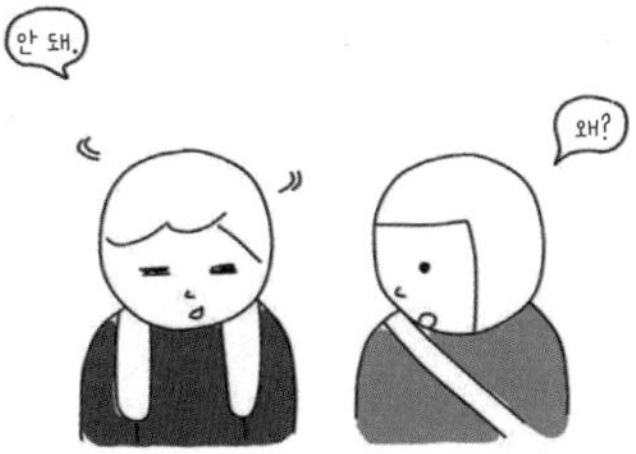
안 돼.
왜?

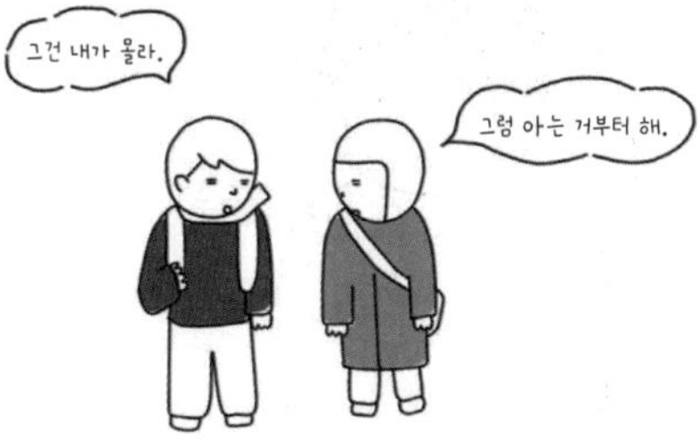
그건 내가 몰라.
그럼 아는 거부터 해.

너무 무리 하는 거
아닐까?
저기…

제목도
생각해놓았어.
그냥 시작하는
양자역학,
어때?
안 들음

정 그렇다면,
뭐 한번 해보자.

'무려' 양자역학 카툰으로
돌아올게요!
LIGHT
time
Quantum
Double slit

아날로그 사이언스

그냥 시작하는 과학

1판 1쇄 2018년 4월 20일
1판 5쇄 2023년 10월 10일

지은이 윤진
그린이 이솔
펴낸이 김정순
편집 허영수
디자인 김진영 모희정
마케팅 이보민 양혜림

펴낸곳 (주)북하우스 퍼블리셔스
출판등록 1997년 9월 23일 제406-2003-055호
주소 04043 서울시 마포구 양화로 12길 16-9(서교동 북앤빌딩)
전자우편 henamu@hotmail.com
홈페이지 www.bookhouse.co.kr
전화번호 02-3144-3123
팩스 02-3144-3121

ISBN 978-89-5605-959-4 04400
978-89-5605-960-0 (세트)